非煤矿山安全知识15讲

吴超 刘辉 潘伟 编

北京
冶金工业出版社
2015

内 容 提 要

本书主要内容为：矿山安全生产概论、矿山安全生产法规、矿山安全管理常识、矿山安全开采必备条件、地下矿山通风、地下矿山顶板事故预防、地下矿山爆破事故预防、地下矿山火灾预防、地下矿山水灾预防、矿山防尘防毒与防氡、露天矿爆破安全、露天矿边坡事故预防、尾矿库事故预防、矿山应急预案与矿工救护、矿山安全管理经验精选。

本书内容重点突出、简明扼要、便于学习，可作为矿山安全生产培训教材，也可供矿山生产管理人员、矿山企业职工以及矿山安全生产监察管理干部集体学习或自学。

图书在版编目(CIP)数据

非煤矿山安全知识15讲/吴超，刘辉，潘伟编.—北京：冶金工业出版社，2015.2

ISBN 978-7-5024-6824-8

Ⅰ.①非… Ⅱ.①吴… ②刘… ③潘… Ⅲ.①矿山安全—基本知识 Ⅳ.①TD7

中国版本图书馆CIP数据核字(2015)第004506号

出 版 人 谭学余
地　　址 北京市东城区嵩祝院北巷39号 邮编 100009 电话 (010)64027926
网　　址 www.cnmip.com.cn 电子信箱 yjcbs@cnmip.com.cn
责任编辑 张耀辉 马文欢 美术编辑 吕欣童 版式设计 孙跃红
责任校对 郑 娟 责任印制 李玉山
ISBN 978-7-5024-6824-8
冶金工业出版社出版发行；各地新华书店经销；北京百善印刷厂印刷
2015年2月第1版，2015年2月第1次印刷
148mm×210mm；8印张；236千字；247页
20.00元

冶金工业出版社 投稿电话 (010)64027932 投稿信箱 tougao@cnmip.com.cn
冶金工业出版社营销中心 电话 (010)64044283 传真 (010)64027893
冶金书店 地址 北京市东四西大街46号(100010) 电话 (010)65289081(兼传真)
冶金工业出版社天猫旗舰店 yjgy.tmall.com
(本书如有印装质量问题，本社营销中心负责退换)

前　言

据统计，我国非煤矿山每年由于生产伤亡事故而造成的经济损失为10~25亿元人民币。面对非煤矿山严峻的安全生产现实，实施科技兴安战略，对非煤矿山安全生产科技发展合理规划，加强非煤矿山安全生产科技工作，对于提升我国非煤矿山的安全生产技术水平十分重要。

众所周知，安全是每一个人的事。安全教育是预防和控制事故的三大对策之一，而搞好安全教育，开发内容实用和简明扼要的先进教材则是关键的一环。编者结合国家重大需求和现代信息技术，根据金属非金属矿山安全方面的突出问题和开展安全教育工作的经验，重点选取了矿山安全生产概论、矿山安全生产法规、矿山安全管理常识、矿山安全开采必备条件、地下矿山通风、地下矿山顶板事故预防、地下矿山爆破事故预防、地下矿山火灾预防、地下矿山水灾预防、矿山防尘防毒与防氡、露天矿爆破安全、露天矿边坡事故预防、尾矿库事故预防、矿山应急预案与矿工救护、矿山安全管理经验精选等方面的主要安全知识，以简明扼要、便于学习为要求，编写成《非煤矿山安全知识15讲》一书，并开发出与之配套的教学课件，使学习者和教育者使用起来更加轻松和高效。本书出版前作为讲义已在中南大学安全培训中心多次使用并受到学员的好评。

本书在编写过程中引用和参考了许多教材、论著及相关资料，在此编者表示衷心的感谢。

由于编者水平所限，书中不足之处，敬请大家批评指正。

吴　超

2014年9月

目　录

第一讲 矿山安全生产概论

［**本讲要点**］ 我国矿山安全生产形势；我国非煤矿山安全与先进国家的差距；我国安全生产方针政策

第一节 我国矿山安全生产形势

多年来，我国的矿山安全生产形势一直十分严峻。近年来矿山的安全生产情况有所好转，但全国矿山每年因工死亡人数也有数千人，其中非煤矿山每年因工死亡人数在一千人左右。全国矿山几乎每天都有死亡事故发生。

受资源条件和生产力水平的制约以及对矿产资源的迫切需求，我国中小型矿山企业蓬勃发展，为国民经济高速增长做出了很大贡献。但中小型矿山企业大多技术落后，作业环境差，工伤事故与职业危害风险很大。据统计，小矿山的伤亡人数占矿山伤亡总人数的2/3以上。中小型矿山企业的职业安全与卫生已成为经济和社会发展中的一个严重问题。

非煤矿山特别是个体、私营矿山，种类繁多、分布广、规模小、户数多、基础差，一直是事故多发的重点领域。如：2001年7月17日，广西南丹县拉甲坡锡矿透水事故死亡81人；2005年11月6日，河北省邢台县会宁镇尚汪庄康立石膏矿发生坍塌事故，死亡33人，5人下落不明；2008年2月17日河北黄山珍牧业有限公司特种野猪养殖场非法盗采铁矿发生爆炸事故，死亡24人；2008年9月8日，山西省襄汾尾矿库垮坝事故死亡271人；等等。

从非煤矿山的事故统计结果可以看出其具有以下特点：

（1）集体企业和个体、私营企业的事故次数和伤亡人数相对国有企业更加严重；

（2）有色金属、非金属矿采矿的事故次数和伤亡人数相对更加严重；

（3）发生非煤矿山事故的类型主要是坍塌、透水、冒顶、片帮和物体打击；

（4）在全国范围内非煤矿山事故的发生地区较为集中。

非煤矿山发生事故的主要原因是：

（1）矿山企业无证开采、非法经营，不具备基本的安全生产条件；

（2）个体企业片面追求经济效益，大量的中小型非煤矿山片面追求经济利益，还有些企业（尤其是私营企业）忽视安全投入，加之一些矿山从业人员未经过上岗前的安全培训，冒险蛮干；

（3）安全生产法规建设跟不上新形势发展需要，现有安全法规对大量涌现的非公有制企业显得软弱无力；

（4）矿山附近一些缺乏安全意识的居民冒险在矿山危险区内进行各种不当的活动。

针对非煤矿山事故频发的状况，国家一直非常重视非煤矿山的安全生产，先后制定颁发了一系列安全法律法规和部门规章，并花费很大力气进行了各种专项整治，以国有大矿，以尾矿库、火药库、毒品库、采矿场、选矿厂为重点，突出做好防垮坝、防爆破、防污染（中毒）、防透水、防冒顶工作，以遏制我国非煤矿山重大、特大事故的发生。

第二节 我国非煤矿山安全与先进国家的差距

我国非煤矿山安全与先进国家的差距较大。据统计，我国非煤矿山生产死亡人数是南非的4.6倍，是俄罗斯的13.7倍，是美国的15.5倍。

我国非煤矿山装备水平低、劳动生产率低，矿山设备制造水平落后，而且不同规模的矿山差别很大。与美国、加拿大、瑞典等国相比，我国国有大中型矿山在采矿工艺技术方面与世界先进水平较接近，目前国外地下矿山几种高效的采矿方法国内均有采用，但矿山开采规模与劳动生产率却相差甚远。其主要表现在以下几方面：

（1）我国许多矿山生产规模一般只有资源条件大体相同的采矿发达国家矿山的1/5～1/2；

（2）露天矿人均劳动生产率相当于发达国家的1/10，地下矿山只相当于发达国家的1/20；

（3）多数中小型矿山没有摆脱手工开采模式，劳动生产率极低；

（4）开采技术落后，大部分采石场还是“一面坡”的开采方式；

（5）地下小矿山有一些还采用独眼井开采，地下矿山采掘业成了国民经济中最落后的行业之一。

露天矿山的装备水平相对比地下矿山高，且不论是露天矿还是地下矿，大型矿山的装备水平要明显高于中小型矿山。但目前在我国非煤露天矿山的生产力水平仍然是：

（1）小型矿山还有很多为笨重体力劳动；

（2）中型及部分大型矿山企业机械化程度较高，但设备落后，基本是20世纪80年代国产设备；

（3）少数大型矿山采用了20世纪90年代以来研制的设备，还从国外引进了一些先进铲装运设备。

地下矿山的装备水平更低，除少数有条件的大型矿山采用了国产或进口的较先进的设备外，多数矿山的装备只相当于发达国家20世纪60年代的水平，众多小矿山仍采用手工作业方式。

国外采矿业的发展主要是通过提高机械化、自动化、采矿设备大型化来实现的，并且可对露天矿山汽车运输实现无人驾驶，地下矿山广泛采用了电动设备和液压凿岩设备。我国虽然已研制了多种露天及地下采矿设备（国外有的差不多都已引进），但可靠性差，故障多，难以推广，关键部位的技术及质量不过关，设备不配套，难以形成综合生产能力。

第三节　我国安全生产方针政策

安全生产方针是指政府对安全生产工作的总要求，它是安全生产工作的方向。我国的安全生产方针是“安全第一，预防为主，综合治理”。保护劳动者的安全与健康是国家的一项基本政策。

“安全第一”，是指安全生产是全国一切经济部门和生产企业的头等大事。各企业及主管部门的行政领导以及各级工会，都要十分重视安全生产，采取一切可能的措施保障劳动者的安全，努力防止事故的发生。对安全生产绝对不能抱有粗心大意、漫不经心的态度。当生产任务与安全发生矛盾时，应先解决生产安全问题，使生产在确保安全的前提下顺利进行。

“预防为主”，是指在实现“安全第一”的众多工作中，做好预防工作是最主要的。它要求我们居安思危、防微杜渐，防患于未然，把事故和职业危害消灭在发生之前。伤亡事故和职业危害不同于其他事情，一旦发生往往很难挽回，或者根本无法挽回。到那时，“安全第一”也就成为一句空话。

安全是一项系统工程，对于矿山的安全问题和历史上遗留下来的各种安全欠账，必须采用综合治理的方法。

因此，有关部门和企事业单位都要做到有计划地改善劳动条件，在经济发展和生产建设规划以及设备更新、技术改造、经济承包等所有经济活动中，均应执行国家关于安全生产的规定。为了贯彻这一方针，《中华人民共和国劳动法》（以下简称《劳动法》）规定：

（1）用人单位必须建立、健全劳动安全卫生制度，严格执行国家劳动安全卫生规程和标准，对劳动者进行劳动安全卫生教育，防止劳动过程中的事故，减少职业危害；

（2）劳动安全卫生设施必须符合国家规定的标准；

（3）新建、改建、扩建工程的劳动安全卫生设施必须与主体工程同时设计、同时施工、同时投入生产和使用；

（4）用人单位必须为劳动者提供符合国家规定的劳动安全卫生条件和必要的劳动防护用品，对从事有职业危害作业的劳动者应当定期进行健康检查；

（5）从事特种作业的劳动者必须经过专门培训并取得特种作业资格。

第二讲　矿山安全生产法规

［**本讲要点**］ 安全生产法；矿山安全法；职业病防治法；部门安全规章

第一节　矿山安全生产法规概述

矿山安全生产工作是我国安全生产工作的一个重要方面。搞好矿山安全生产工作，关系到广大矿山职工及其家属的生命财产安全与身心健康，关系到矿业经济的健康发展和矿区社会的稳定。

为了进一步贯彻安全生产方针，加强劳动保护工作，以适应社会主义建设的需要，新中国成立以来，尤其是近十多年来，我国在矿山的勘察、建设、开采、安全监督管理与监察、事故处理等方面制定了不少法律、法规及规章、制度，这为规范矿业开发秩序，加强矿山企业管理，依法进行矿山安全监督管理与监察，促进矿山安全生产状况的稳定好转，保障劳动者在生产过程中的安全与健康，发挥了重要作用，它不仅是矿山安全生产监督管理工作者依法行政的依据，而且是广大矿山职工在生产过程中的行为准则。有关非煤矿山安全生产法律法规体系的基本框架如图 2－1 所示。我国金属非金属矿山安全生产标准体系的构成如图 2－2 所示。

从图 2－1 看出，我国非煤矿山的安全生产法规主要有三个层次：第一层次是国家的法律法规；第二层次是国务院的行政法规；第三层次是国家安全生产监督管理等部门的规章。除此之外，再往下就是地区和企业自己的安全生产规章制度及操作规程等。

我国有关金属非金属矿山安全生产方面的重要法律、法规、标准等主要有：《中华人民共和国劳动法》、《中华人民共和国职业病防治法》、《中华人民共和国安全生产法》、《中华人民共和国矿山安全法》、

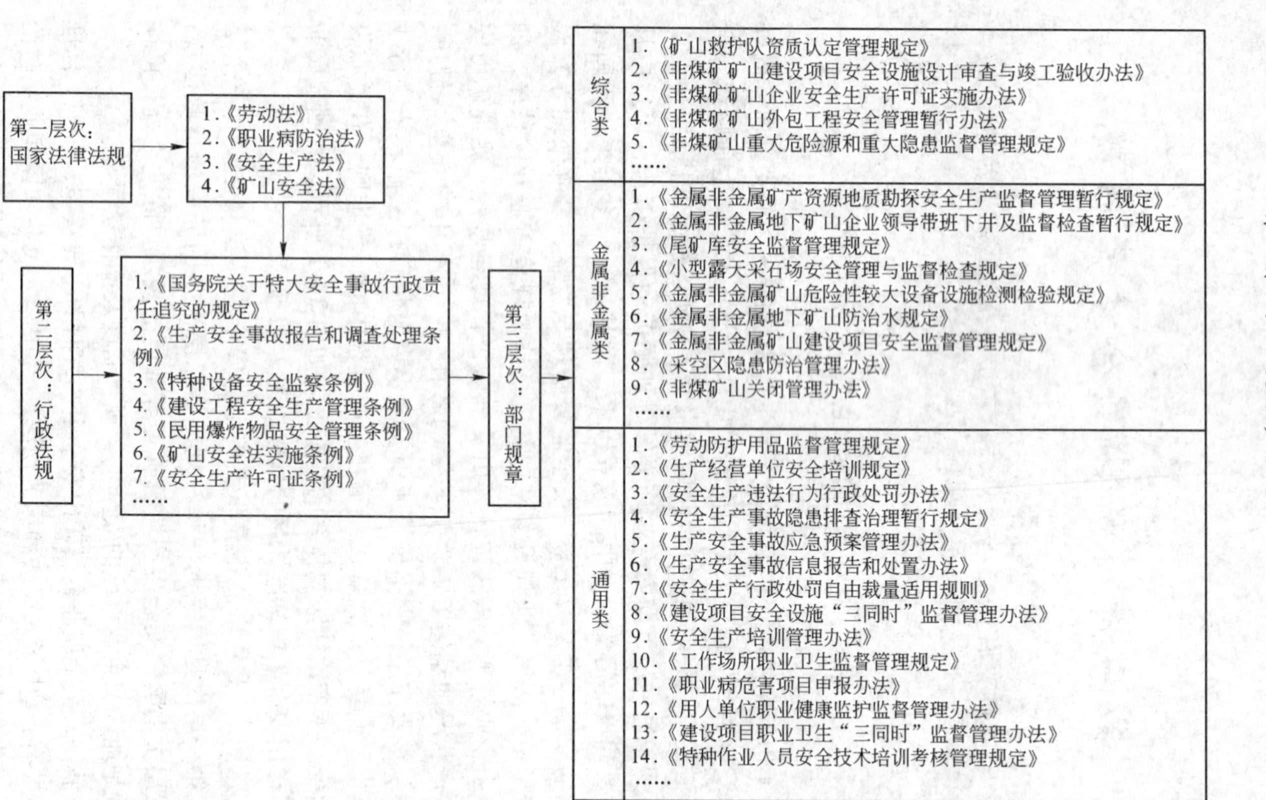

图 2-1　我国非煤矿山安全生产法律法规体系的基本框架

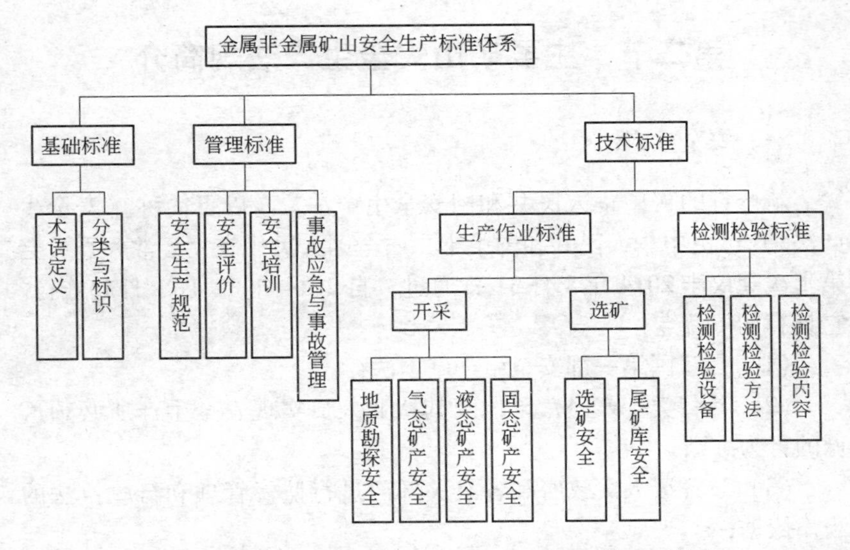

图2-2 我国金属非金属矿山安全生产标准体系的构成

《中华人民共和国矿产资源法》、《中华人民共和国消防法》、《企业职工伤亡事故报告及处理规定》、《安全生产许可证条例》、《国务院关于特大安全事故行政责任追究的规定》、《生产安全事故报告和调查处理条例》、《工伤保险条例》、《矿山特种作业人员安全操作资格考核规定》、《金属非金属矿山安全规程》、《尾矿库安全技术规程》、《金属非金属地下矿山通风安全技术规范》、《金属非金属矿山竖井提升系统防坠器安全性能检测检验规范》、《金属非金属矿山在用缠绕式提升机安全检测检验规范》、《金属非金属矿山在用摩擦式提升机安全检测检验规范》、《金属非金属矿山在用提升绞车安全检测检验规范》、《作业场所空气呼吸性岩尘接触浓度管理标准》、《呼吸性粉尘个体采样器》及《矿山个体呼吸性粉尘测定方法》等。

只有严格执行矿山安全生产方面的法律、法规和有关规章、制度，下大力气抓好非煤矿山的安全生产工作，坚持依法行政、依法办矿，做到有法必依、执法必严、违法必究，才能使非煤矿山安全生产工作迈上一个新台阶。

第二节 主要矿山安全生产法规简介

一、安全生产法

新修订的《中华人民共和国安全生产法》（以下简称《安全生产法》）已由中华人民共和国第十二届全国人民代表大会常务委员会第十次会议于2014年8月31日通过，自2014年12月1日起施行。它具有如下特点：

（1）是我国第一部安全生产基本法律；

（2）是各类生产经营单位及其从业人员实现安全生产所必须遵循的行为准则；

（3）是各级人民政府和各有关部门进行监督管理和行政执法的法律依据；

（4）是制裁各种安全生产违法犯罪行为的法律武器。

《安全生产法》的制定是为了加强安全生产监督管理，防止和减少生产安全事故，保障人民群众生命和财产安全，促进经济发展。本法的精髓在于：

（1）重在国家安全生产大方针的法律化；

（2）重在安全生产基本法律制度的建设；

（3）重在解决当前安全生产工作存在的基本的、普遍的、共性的法律问题。

《安全生产法》主要规定了以下内容：

（1）抓好安全生产管理，坚持安全第一、预防为主、综合治理的方针。

（2）生产经营单位必须遵守本法和其他有关安全生产的法律、法规，加强安全生产管理，建立、健全安全生产责任制度，完善安全生产条件，确保安全生产。

（3）生产经营单位的主要负责人对本单位的安全生产工作全面负责。

（4）生产经营单位的从业人员有依法获得安全生产保障的权利，

并应当依法履行安全生产方面的义务。

（5）生产经营单位必须执行依法制定的保障安全生产的国家标准或者行业标准。

（6）生产经营单位应当具备本法和有关法律、行政法规和国家标准或者行业标准规定的安全生产条件；不具备安全生产条件的，不得从事生产经营活动。

（7）生产经营单位的主要负责人对本单位安全生产工作负有下列职责：

1）建立、健全本单位安全生产责任制；

2）组织制定本单位安全生产规章制度和操作规程；

3）保证本单位安全生产投入的有效实施；

4）督促、检查本单位的安全生产工作，及时消除生产安全事故隐患；

5）组织制定并实施本单位的生产安全事故应急救援预案；

6）及时、如实报告生产安全事故。

（8）生产经营单位的主要负责人和安全生产管理人员必须具备与本单位所从事的生产经营活动相应的安全生产知识和管理能力。危险物品的生产、经营、储存单位以及矿山、建筑施工单位的主要负责人和安全生产管理人员，应当由有关主管部门对其安全生产知识和管理能力考核合格后方可任职。

（9）生产经营单位应当对从业人员进行安全生产教育和培训，保证从业人员具备必要的安全生产知识，熟悉有关的安全生产规章制度和安全操作规程，掌握本岗位的安全操作技能。未经安全生产教育和培训合格的从业人员，不得上岗作业。特种作业人员必须按照国家有关规定，经专门的安全作业培训，取得特种作业操作资格证书，方可上岗作业。

（10）生产经营单位不得使用国家明令淘汰、禁止使用的危及生产安全的工艺、设备。

（11）生产经营单位生产、经营、运输、储存、使用危险物品或者处置废弃危险物品，必须执行有关法律、法规和国家标准或者行业标准，建立专门的安全管理制度，采取可靠的安全措施，接受有关主管部门依法实施的监督管理。

（12）生产经营单位发生重大生产安全事故时，单位的主要负责人应当立即组织抢救，应当迅速采取有效措施，防止事故扩大，减少人员伤亡和财产损失，并按照国家有关规定立即如实报告当地负有安全生产监督管理职责的部门，不得隐瞒不报、谎报或者拖延不报，不得故意破坏事故现场、毁灭有关证据。并不得在事故调查处理期间擅离职守。

（13）生产经营单位必须依法参加工伤社会保险，为从业人员缴纳保险费。

二、矿山安全法

《中华人民共和国矿山安全法》（以下简称《矿山安全法》）于1992年11月7日由第七届全国人大常委会第二十八次会议通过，并于1993年5月1日起施行（目前该法正在修订之中）。《矿山安全法》对于保障矿山生产安全，防止矿山事故，保护矿山职工人身安全，促进采矿业的发展，具有重要意义。

《矿山安全法》主要规定了以下内容：

（1）矿山使用的有特殊安全要求的设备、器材、防护用品和安全检测仪器，必须符合国家安全标准或者行业安全标准；不符合国家安全标准或者行业安全标准的，不得使用。

（2）矿山企业必须对机电设备及其防护装置、安全检测仪器，定期检查、维修，保证使用安全。

（3）矿山企业必须对作业场所中的有毒有害物质和井下空气含氧量进行检测，保证符合安全要求。

（4）矿山企业必须对下列危害安全的事故隐患采取预防措施：

1）冒顶、片帮、边坡滑落和地表塌陷；

2）矿尘爆炸；

3）冲击地压、瓦斯突出、井喷；

4）地面和井下的火灾、水害；

5）爆破器材和爆破作业发生的危害；

6）粉尘、有毒有害气体、放射性物质和其他有害物质引起的危害；

7）其他危害。

（5）对使用机械、电气设备、排土场、矸石山、尾矿库和矿山闭坑后可能引起的危害，应当采取预防措施。

（6）矿山企业职工必须遵守有关矿山安全的法律、法规和企业规章制度。

（7）矿山企业职工有权对危害安全的行为，提出批评、检举和控告。

（8）职工未经安全教育、培训的，不得上岗作业。

（9）矿山企业安全生产的特种作业人员必须接受专门培训，经考核合格取得操作资格证书，方可上岗作业。

（10）矿山企业安全工作人员必须具备必要的安全专业知识和矿山安全工作经验。

（11）矿山企业必须向职工发放保障安全生产所需的劳动防护用品。

（12）矿山企业不得录用未成年人从事矿山井下劳动。

（13）矿山企业对女职工按照国家规定实行特殊劳动保护，不得分配女职工从事矿山井下劳动。

（14）矿山企业对矿山事故中伤亡的职工按照国家规定给予抚恤或者补偿。

三、职业病防治法

新修订的《中华人民共和国职业病防治法》（以下简称《职业病防治法》）由第十一届全国人民代表大会常务委员会第二十四次会议于2011年12月31日通过并实施。

制定《职业病防治法》是为了预防、控制和消除职业病危害，防治职业病，保护劳动者健康及其相关权益，促进经济发展。职业病，是指劳动者在职业活动中，因接触粉尘、放射性物质和其他有毒、有害物质等因素而引起的疾病。

《职业病防治法》主要有以下内容：

（1）职业病的分类和目录由国务院卫生行政部门会同国务院劳

动保障行政部门规定、调整并公布。

（2）职业病防治工作坚持预防为主、防治结合的方针，实行分类管理，综合治理。劳动者依法享有职业卫生保护的权利。

（3）用人单位应当为劳动者创造符合国家职业卫生标准和卫生要求的工作环境和条件，并采取措施保障劳动者获得职业卫生保护。应当建立、健全职业病防治责任制，加强对职业病防治的管理，提高职业病防治水平，对本单位产生的职业病危害承担责任。用人单位必须依法参加工伤社会保险。

（4）任何单位和个人有权对违反本法的行为进行检举和控告。对防治职业病成绩显著的单位和个人，给予奖励。

（5）产生职业病危害的用人单位，其工作场所还应当符合下列职业卫生要求：

1）职业病危害因素的强度或者浓度符合国家职业卫生标准；

2）有与职业病危害防护相适应的设施；

3）生产布局合理，符合有害与无害作业分开的原则；

4）有配套的更衣间、洗浴间、孕妇休息间等卫生设施；

5）设备、工具、用具等设施符合保护劳动者生理、心理健康的要求；

6）符合法律、行政法规和国务院卫生行政部门关于保护劳动者健康的其他要求。

（6）用人单位应当采取下列职业病防治管理措施：

1）设置或者指定职业卫生管理机构或者组织，配备专职或者兼职的职业卫生专业人员，负责本单位的职业病防治工作；

2）制定职业病防治计划和实施方案；

3）建立、健全职业卫生管理制度和操作规程；

4）建立、健全职业卫生档案和劳动者健康监护档案；

5）建立、健全工作场所职业病危害因素监测及评价制度；

6）建立、健全职业病危害事故应急救援预案。

国家实行职业卫生监督制度。有关防治职业病的国家职业卫生标准，由国务院卫生行政部门制定并公布。

第三讲　矿山安全管理常识

［本讲要点］ 职工的权利；职工的义务；安全教育的规定；安全检查制度及安全操作规程；安全色及安全标识；个体防护；女工和未成年工特殊劳动保护；特种作业安全规定；特种设备安全规定

第一节　职工的权利

为了保护劳动者的合法权益，《劳动法》中规定了劳动者应该享有的权利：

（1）平等就业和选择职业的权利；

（2）取得劳动报酬的权利；

（3）休息休假的权利；

（4）获得劳动安全卫生保护的权利；

（5）接受职业技能培训的权利；

（6）享受社会保险和福利的权利；

（7）提请劳动争议处理的权利；

（8）法律规定的其他劳动权利。

下面具体讲述非煤矿山企业职工应享受的权利。

一、取得劳动报酬的权利

劳动者为用人单位劳动，应该获得一定的劳动报酬。劳动报酬以工资的形式支付，并应当以货币形式按月支付给劳动者本人。劳动者应得的工资应按劳动者与用人单位所签订的劳动合同来执行，不得克扣或者无故拖欠劳动者的工资。用人单位支付劳动者的工资不得低于当地最低工资标准。

劳动者在法定休假日和婚丧假期间以及依法参加社会活动期间，用人单位应当依法支付工资。

对实行计件工作的劳动者，用人单位应当根据劳动者每日工作时间不超过 8 小时、平均每周工作时间不超过 44 小时的工时制度合理确定其劳动定额和计件报酬标准。有下列情形之一的，用人单位应当按照下列标准支付高于劳动者正常工作时间工资的工资报酬：

（1）安排劳动者延长工作时间的，支付不低于工资的百分之一百五十的工资报酬；

（2）休息日安排劳动者工作又不能安排补休的，支付不低于工资的百分之二百的工资报酬；

（3）法定休假日安排劳动者工作的，支付不低于工资的百分之三百的工资报酬。

二、休息休假的权利

用人单位应当保证劳动者每周至少休息一日。用人单位在下列节日期间应当依法安排劳动者休假：

（1）元旦；

（2）春节；

（3）国际劳动节；

（4）国庆节；

（5）法律、法规规定的其他休假节日。

用人单位由于生产经营需要，经与工会和劳动者协商后可以延长工作时间，一般每日不得超过 1 小时；因特殊原因需要延长工作时间的，在保障劳动者身体健康的条件下延长工作时间每日不得超过 3 小时，但是每月不得超过 36 小时。

三、获得劳动安全保护的权利

（1）用人单位必须为劳动者提供符合国家规定的劳动安全卫生条件和必要的劳动防护用品，对从事有职业危害作业的劳动者应当定期进行健康检查。

（2）从事特种作业的劳动者必须经过专门培训并取得特种作业

资格。

（3）劳动者对用人单位管理人员违章指挥、强令冒险作业有权拒绝执行；对危害生命安全和身体健康的行为有权提出批评、检举和控告。

四、接受职业技能培训的权利

（1）用人单位应当建立职业培训制度，按照国家规定提取和使用职业培训经费，根据本单位实际，有计划地对劳动者进行职业培训。

（2）从事技术工种的劳动者，上岗前必须经过培训。

五、享受社会保险和福利的权利

（1）劳动者在下列情形下，依法享受社会保险待遇：

1）退休；

2）患病、负伤；

3）因工伤残或者患职业病；

4）失业；

5）生育。

（2）劳动者死亡后，其遗属依法享受遗属津贴。

（3）劳动者享受社会保险待遇的条件和标准由法律、法规规定。劳动者享受的社会保险金必须按时足额支付。

六、提请劳动争议处理的权利

（1）用人单位与劳动者发生劳动争议，当事人可以依法申请调解、仲裁、提取诉讼，也可以协商解决劳动争议，应当根据合法、公正、及时处理的原则，依法维护劳动争议当事人的合法权益。

（2）劳动争议发生后，当事人可以向本单位劳动争议调解委员会申请调解。调解不成，当事人一方要求仲裁的，可以向劳动争议仲裁委员会申请仲裁。当事人一方也可以直接向劳动争议仲裁委员会申请仲裁。对仲裁裁决不服的，可以向人民法院提起诉讼。

（3）劳动争议当事人对仲裁裁决不服的，可以自收到仲裁裁决书之日起十五日内向人民法院提起诉讼。一方当事人在法定期限内不起诉又不履行仲裁裁决的，另一方当事人可以申请人民法院强制执行。

七、法律规定的其他劳动权利

（1）劳动者有权依法参加和组织工会。工会代表应维护劳动者的合法权益，依法独立自主地开展活动。劳动者依照法律规定，通过员工大会、员工代表大会或其他形式，参与民主管理或者就保护劳动者合法权益与用人单位进行平等协商。

（2）有下列情形之一的，劳动者可以随时通知用人单位解除劳动合同：

1）在试用期内的；

2）用人单位以暴力、威胁或者非法限制人身自由的手段强迫劳动的；

3）用人单位未按照劳动合同约定支付劳动报酬或者提供劳动条件的。

第二节 职工的义务

矿山企业职工在享受权利的同时，也要履行一定的义务。职工应尽的义务有以下几点。

一、严格遵守安全操作规程

《劳动法》规定："劳动者在劳动中必须严格遵守安全操作规程。"许多事故的发生与劳动者违反安全操作规程有关，有章不循，造成了许多不该发生的事故，给企业和劳动者都带来了很大损失。因此，企业员工要充分认识严格遵守安全操作规程的重要性，树立安全第一的思想，以避免事故的发生。如果因违反操作规程造成伤亡事故及经济损失的，要承担相应经济和行政责任，情节特别严重的还要被追究刑事责任。

二、提高劳动技能

企业员工要更好地胜任本职工作，要熟练操作新的机械设备，适应工作中不断出现的新问题及周围环境的变化，紧跟时代的要求，就必须在工作中加强学习，自觉提高劳动技能。

三、遵守劳动纪律或者用人单位规章制度

企业员工必须遵守劳动合同中规定的劳动纪律或用人单位的规章制度。劳动纪律是在共同劳动中的规则和秩序，是安全生产的重要保障，也是保证员工本人和他人安全的基本条件。遵守劳动纪律，主要是要求员工服从分配、调动和指挥，按时上下班，坚守工作岗位。同时要保守用人单位商业秘密。

四、发现事故及时报告与抢险的义务

劳动过程中发生伤亡事故后，负伤者或者事故现场有关人员应当立即直接或者逐级报告企业负责人。报告内容包括发生事故的单位、时间、地点、伤亡情况等。员工应迅速抢救伤员并相互协助撤离到安全地带。如有可能，要尽力抢救国家财产，以免造成更大的损失。

五、要保护好事故现场

任何人不得擅自移动和取走现场物件。因抢救人员和国家财产，防止事故扩大需移动现场物件时，必须作出标志，绘制事故现场图，摄影或录像并详细说明。清理事故现场，要经事故调查组同意后方可进行。

第三节　安全教育的规定

安全教育的规定包括：

（1）企业单位必须认真地对新工人进行安全生产的入厂教育、车间教育和现场教育，并且经过考试合格后，才能准许其进入操作岗位。

（2）对于从事特种作业的工人必须进行专门的安全操作技术训练，经过考试合格后，才能准许他们持证上岗操作。

（3）企业单位都必须建立安全活动日和在班前班后会上检查安全生产情况等制度，对职工进行经常的安全教育，并且注意结合职工文化生活，进行各种安全生产的宣传活动。

（4）在采用新的生产方法、添设新的技术设备、制造新的产品或调换工人工作的时候，必须对工人进行新操作法和新工作岗位的安全教育。

企业对新工人入厂“三级教育”的内容如下所述。

一、厂级安全教育的主要内容

（1）企业的性质及其主要工艺过程；

（2）我国安全生产的方针、政策法规和管理体制；

（3）本企业劳动安全卫生规章制度及状况、劳动纪律和有关事故案例；

（4）工厂内特别危险的地点和设备及其安全防护注意事项；

（5）新工人的安全心理教育；

（6）有关机械、电气、起重、运输等安全技术知识；

（7）有关防火防爆和工厂消防规程的知识；

（8）有关防尘防毒的注意事项；

（9）安全防护装置和个人劳动防护用品的正确使用方法；

（10）新工人的安全生产责任制等内容。

二、车间安全教育的主要内容

（1）本车间的生产性质和主要的工艺流程；

（2）本车间预防工伤事故和职业病的主要措施；

（3）本车间的危险部位及其应注意事项；

（4）本车间的安全生产的一般情况及其注意事项；

（5）本车间的典型事故案例；

（6）新工人的安全生产职责和遵章守纪的重要性等。

三、班组安全教育的主要内容

（1）段或班组的工作性质、工艺流程、安全生产的概况和安全生产职责范围；

（2）新工人将要从事的生产性质、安全生产责任制、安全操作规程以及其他有关安全知识和各种安全防护、保险装置的作用；

（3）工作地点的安全生产和文明生产的具体要求；

（4）容易发生工伤事故的工作地点、操作步骤和典型事故案例介绍；

（5）个人防护用品的正确使用和保管；

（6）发生事故以后的紧急救护和自救常识；

（7）工厂、车间内常见的安全标志、安全色介绍；

（8）遵章守纪的重要性和必要性等。

第四节　安全检查制度及安全操作规程

企业单位对生产中的安全工作，除进行经常的检查外，每年还应定期地进行2～4次群众性的检查，这种检查包括普遍检查、专业检查和季节性检查。这几种检查可以结合进行。

（1）开展安全生产检查，必须有明确的目的、要求和具体计划，并且必须建立由企业领导负责、有关人员参加的安全生产检查组织，以加强领导，做好这项工作。

（2）安全生产检查应该始终贯彻领导与群众相结合的原则，依靠群众，边检查，边改进，并且及时地总结和推广先进经验。对于有些限于物质技术条件当时不能解决的问题，也应该制订出计划，按期解决，务必做到条条有着落，件件有交代。

为了保障广大职工在劳动生产过程中的安全健康，防止和减少事故，《劳动法》把遵守安全操作规程作为职业安全卫生方面的重要措施专门作出规定，如《劳动法》规定：“劳动者在劳动过程中必须严格遵守安全操作规程。”

（1）安全操作规程根据各岗位的作业内容，全面系统地考虑技术、设备、环境条件，规定了从事生产活动的人员在各自岗位上应履行的作业程序和动作标准的职责，以及完成任务所必需的作业程序和动作标准的现场操作根据。

（2）安全操作规程作为劳动者在劳动过程中的行为规范，可以消除违章指挥、违反劳动纪律和无知蛮干等不安全行为。

（3）安全操作规程是发展生产、保障经济建设顺利进行的基本条件。

（4）安全操作规程是维护生产顺利进行，保护职工身体健康的基本条件。

因此，劳动者必须严格遵守安全操作规程。

第五节 安全色及安全标识

安全色与安全标识是为了防止事故的发生，用形象而醒目的信息语言向人们提供的表达禁止、警告、指令、提示等信息。了解它们所表达的安全信息含义对于我们在工作和生活中趋利避害、预防事故发生具有重要作用。

一、安全色

我国规定了红、蓝、黄、绿四种颜色为安全色，其含义和用途为：

（1）红色的含义为禁止、停止，主要用于禁令标志、停止信号，如机器、车辆上的紧急停止手柄或按钮以及禁止人们触动的部位。红色也表示防火。

（2）蓝色的含义为指令必须遵守的规定，主要用于指令标志，如必须佩戴个人防护用具、道路指引车辆和行人行走方向的指令。

（3）黄色的含义为警告、注意，主要用于警告标志、警戒标志，如厂内危险机器和坑池边周围的警戒线、行车道中线、机械上齿轮箱的内部、安全帽等。

（4）绿色的含义为提示、安全状态通行，主要用于提示标志、车间内的安全通道、行人和车辆通行标志、消防设备和其他安全防护装置的位置。

需要注意的是，蓝色只有与几何图形同时使用时，才表示指令。同时，为了不与道路两旁绿色行道树相混淆，道路上的提示标志也用蓝色。

为使安全色更加醒目，使用对比色为其反衬色。

（1）黑白互为对比色；

（2）红、蓝、绿色的对比色定为白色；

（3）黄色的对比色定为黑色。

在运用对比色时，黑色用于安全标志的文字、图形符号和警告标志的几何图形。白色既可以用于红、蓝、绿的背景色，也可以用作安全标志的文字和图形符号。

另外，红色和白色、黄色和黑色的间隔条纹是两种较醒目的标示。

二、安全标识

安全标识通常指安全标志和安全标签。

（一）安全标志

安全标志由安全色、几何图形和图形符号构成，用以表达特定的安全信息，目的是引起人们对不安全因素的注意，预防发生事故，但不能代替安全操作规程和防护措施。安全标志不包括海运及内河航运上的标志。

安全标志分为禁止标志、警示标志、命令标志和提示标志四类。

（1）禁止标志。禁止标志的含义是不准或制止人们的某种行动。其几何图形为带斜杠的圆环，斜杠和圆环为红色，图形符号为黑色，背景色为白色。

（2）警示标志。警告标志的含义是使人们注意可能发生的危险。其几何图形是正三角形，三角形的边框和图形符号为黑色，背景色为具有指令含义的黄色，图形符号为黑色。

（3）命令标志。命令标志的含义是告诉人们必须遵守某项规定。其几何图形是圆形，背景色是具有指令含义的蓝色，图形符号为白色。

（4）提示标志。提示标志的含义是向人们指示目标和方向。其几何图形是长方形，底色为绿色，图形符号及文字为白色。但是消防的提示标志，其底色为红色，图形符号及文字为白色。

（二）危险化学品的安全标签

危险化学品的安全标签是识别和区分危险化学品、用于提醒接触危险品人员的一种安全标识。安全标签包括化学品的名称、分子式、编号、危险性标志、提示词、危险性说明、安全措施、灭火方法、生产厂家地址、电话、应急电话等有关内容。

其中，危险性标志表示化学品危险性和个体防护。标签中蓝色、红色、黄色和白色四个小菱形分别表示毒性、燃烧危险性、活性反应危害和个体防护。

毒性、燃烧危险性、活性反应危害分别用黑色数码 0、1、2、3、4 表示，印在各自对应菱形图案中，数字越大，危险性越大。如：

（1）蓝色菱形中数码 4、3、2、1、0 分别为剧毒、高毒、中等毒、低毒、微毒；

（2）红色菱形中数码 4、3、2、1、0 分别为极度易燃、高度易燃、易燃、可燃、不燃；

（3）黄色菱形中数码 4、3、2、1、0 分别为极易自燃爆炸、能发生爆炸、易发生化学变化、能发生化学变化、稳定不与水反应。

安全标签又分为供应商标签、作业场所标签和实验室标签。工作人员在使用化学品之前，一定要注意阅读安全标签。

第六节 个体防护

为了避免劳动者在生产过程中发生事故或减轻事故伤害程度，需要给劳动者配备一定的防护用品。劳动防护用品按用途分为以下几种：

（1）预防飞来物的安全帽、安全鞋、护目镜和面罩等。

（2）为防止与高温、锋利、带电等物体接触时受到伤害的各类防护手套、防护鞋等。

（3）对辐射热进行屏蔽防护的全套防护服。

（4）对放射性射线进行屏蔽防护的防护镜、防护面具等。

（5）作业环境中使用的粉尘口罩、毒罩、面具或耳塞等。

各种防护用品及其用途为：

（1）防护服。

1）白帆布防护服能使人体免受高温的烘烤，并有耐燃烧的特点，主要用于冶炼、浇注和焊接等工种。

2）劳动布防护服对人体起一般屏蔽保护作用，主要用于非高温、重体力作业的工种，如检修、起重和电气等工种。

3）涤卡布防护服能对人体起一般屏蔽防护作用，主要用于后勤和职能人员等岗位。

（2）防护手套。

1）厚帆布手套多用于高温、重体力劳动，如炼钢、铸造等工种。

2）薄帆布、纱线、分指手套主要用于检修工、起重机司机和配电工等工种。

3）翻毛皮革长手套主要用于焊接工种。

4）橡胶或涂橡胶手套主要用于电气、铸造等工种。

戴各种手套时，注意不要让手腕裸露出来，以防在作业时有焊接火星或其他有害物溅入袖内造成伤害；操作各类机床或在有被夹挤危险的地方作业时严禁戴手套。

（3）防护鞋。

1）橡胶鞋有绝缘保护作用，主要用于电力、水力清砂、露天作业等岗位。

2）球鞋有绝缘、防滑保护作用，主要用于检修、起重机司机、电气等工种。

3）钢包头皮鞋用于铸造、炼钢等工种。

（4）安全帽。

1）帽内缓冲衬垫的带子要结实，人的头顶与帽内顶部的间隔不能小于32mm。

2）不能把安全帽当坐垫用，以防变形，降低防护作用。

3）发现帽子有龟裂、下凹和磨损等情况，要立即更换。

（5）面罩和护目镜。

1）防辐射面罩主要用于焊接作业，以防止在焊接中产生的强光、紫外线和金属飞屑损伤面部，防毒面具要注意滤毒材料的性能。

2）防打击的护目镜能防止金属、砂屑、钢液等飞溅物对眼部的伤害，多用于机床操作等工种。

3）防辐射护目镜能防止有害红外线、耀眼的可见光和紫外线对眼部的伤害，主要用于冶炼、浇注、烧割和铸造热处理等工种。这种护目镜大多与帽檐连在一起，有固定的，也有可以上下翻动的。

（6）呼吸防护器。呼吸防护器主要用来防止有毒气体及粉尘的吸入。根据其结构和原理，呼吸防护器可分为自吸过滤式和送风隔离式两大类。

1）自吸过滤式分为机械过滤和化学过滤两种：机械过滤主要是用于防止粒径小于5μm呼吸性粉尘的吸入，通常称为防尘口罩和防尘面具；化学过滤主要用于防止有毒气体、蒸气、毒烟雾等的吸入，通常称为防毒面具。

2）隔离型呼吸器用在缺氧、尘毒污染严重、情况不明或有生命危险的工作场合。

（7）护耳器。其作用主要是防止噪声危害。

（8）安全带。安全带是防止高处作业坠落的防护用品，使用时要注意以下事项：

1）在基准面2m以上作业须系安全带。

2）使用时应将安全带系在腰部，挂钩要扣在不低于作业者所处水平位置的可靠处，不能扣在作业者的下方位置，以防坠落时加大冲击力，使人受伤。

3）要经常检查安全带缝制部分和挂钩部分，发现断裂或磨损，要及时修理或更换。如果保护套丢失，要加上后再用。

（9）防酸碱用品。防酸碱用品是保护工人在生产作业环境中免受酸碱危害的个体防护用品。

1）按防护用品原料可分为：①橡胶防酸碱用品；②塑料防酸碱用品；③毛、丝、合成纤维织物防酸碱用品。

2）按防护部位可分为：①防酸碱工作服；②手套；③靴；④防酸面罩；⑤面具等。

个人防护用品的使用者必须按照劳动防护用品规则和防护要求

正确使用劳动防护用品。使用前要对其防护功能进行严格检查，对于损坏或磨损严重的必须及时更换。

第七节　女工和未成年工特殊劳动保护

一、女职工劳动保护

女职工劳动保护是针对女职工在经期、孕期、产期、哺乳期等的生理特点，在工作任务分配和工作时间等方面所进行的特殊保护。《劳动法》规定：

（1）禁止安排女职工从事矿山井下、国家规定的第四级体力劳动强度的劳动和其他禁忌从事的劳动。

（2）不得安排女职工在经期从事高处、低温、冷水作业和国家规定的第三级体力劳动强度的劳动。

（3）不得安排女职工在怀孕期间从事国家规定的第三级体力劳动强度的劳动和孕期禁忌从事的劳动。

（4）对怀孕七个月以上的女职工，不得安排其延长工作时间和夜班劳动。

（5）女职工生育享受不少于九十天的产假。

（6）不得安排女职工在哺乳未满一周岁的婴儿期间从事国家规定的第三级体力劳动强度的劳动和哺乳期禁忌从事的其他劳动，不得安排其延长工作时间和夜班劳动。

二、未成年工劳动保护

未成年工劳动保护是针对未成年工（已满十六周岁、未满十八周岁）的生理特点，在工作时间和工作分配等方面所进行的特殊保护。《劳动法》规定：

（1）不得安排未成年工从事矿山井下、有毒有害、国家规定的第四级体力劳动强度的劳动和其他禁忌从事的劳动。

（2）用人单位应当对未成年工定期进行健康检查。

第八节　特种作业安全规定

特种作业是指容易发生人员伤亡事故，对操作者本人及其周围人员和设施的安全可能造成重大危害的作业。包括以下作业：

（1）电工作业，含发电、送电、变电、配电工，电气设备的安装、运行、检修（维修）、试验工，矿山井下电钳工；

（2）金属焊接、切割作业，含焊接工、切割工；

（3）起重机械（含电梯）作业，含起重机司机、司索工、信号指挥工、安装与维修工；

（4）企业内机动车辆驾驶，含在企业内及码头、货场等生产作业区域和施工现场行驶的各类机动车辆的驾驶人员；

（5）登高架设作业，含2m以上登高架设、拆除、维修工，高层建（构）筑物表面清选工；

（6）锅炉作业（含水质化验），含承压锅炉操作工、锅炉水质化验工；

（7）压力容器作业，含压力容器罐装工、检验工、运输押运工，大型空气压缩机操作工；

（8）制冷作业，含制冷设备安装工、操作工、维修工；

（9）爆破作业，含地面工程爆破、井下爆破工；

（10）矿山通风作业，含主扇操作工、瓦斯抽放工、通风安全监测工、测风测尘工；

（11）矿山排水作业，含矿井主排水泵工、尾矿坝作业工；

（12）矿山安全检查作业，含安全检查工、瓦斯检验工、电气设备防爆检查工；

（13）矿山提升运输作业，含主提升机操作工、（上下山）绞车操作工、固定胶带输送机操作工、信号工、拥罐（把勾）工；

（14）采掘（剥）作业，含采煤机司机、掘进机司机、耙岩机司机、凿岩机司机；

（15）矿山救护作业；

（16）危险物品作业，含危险化学品、民用爆炸品、放射性物品的操作工、运输押运工、储存保管员；

（17）经国家安全生产监督管理总局批准的其他作业。

特种作业人员在独立上岗前必须进行与本工种相适应的安全技术培训学习。学习的内容包括安全技术理论与实际操作知识两个方面。培训后要进行严格考核，经考核合格的，发给相应的特种作业操作证。特种作业操作证由国家安全生产管理部门制作，并由省、自治区、直辖市安全生产管理部门或其委托的地、市级安全生产综合管理部门负责签发。

特种作业操作证每 2 年复审 1 次。连续从事本工种 10 年以上的，经用人单位进行知识更新教育后，复审时间可适当延长。复审内容包括：

（1）健康检查；

（2）违章作业记录检查；

（3）安全生产新知识和事故案例教育；

（4）本工种安全知识考试。

复审合格的，由复审单位签章、登记，予以确认；复审不合格的，可在接到通知之日起30 日内向原复审单位申请再次复审。再复审不合格或未近期复审的，特种作业证失效。

第九节 特种设备安全规定

特种设备是指由国家认定的、因设备本身和外在因素的影响容易发生事故，并且一旦发生事故会造成人身伤亡及重大经济损失的危险性较大的设备。

特种设备包括锅炉、压力容器、压力管道、电梯、起重机械、厂内机动车辆、客运索道、游艺机和游乐设施、防爆电气设备等。特种设备安装、大修、改造后，其质量和安全技术性能经施工单位自检合格后，由使用单位向规定的监督检验机构提出验收检验申请，并由执行当次验收检验的机构出具检验报告，合格的，发给特种设备检验安全合格标志。

特种设备使用单位必须使用有生产许可证或者安全认可证的特

种设备。对使用的特种设备，必须按照规定要求申请相应的验收检验和定期检验。

使用单位必须制定并严格执行以岗位责任制为核心，包括技术档案管理、安全操作、常规检查、维修保养、定期报检和应急措施等在内的特种设备安全使用和运营的管理制度，必须保证特种设备技术档案的完整、准确。

特种设备作业人员必须经专业培训和考核，取得地市以上质量技术监督行政部门颁发的特种设备作业人员资格证书后，方可以从事相应工作。

使用单位必须对在用特种设备进行日常的维修保养。特种设备的维修保养必须由有资格的人员进行，无特种设备维修保养资格人员的单位，必须委托取得特种设备维修保养资格的单位，进行特种设备日常的维修保养。

使用单位应当严格执行特种设备年检、月检、日检等常规检查制度，经检查发现有异常情况时，必须及时处理，严禁带故障运行。检查时应当详细记录，并存档备查。特种设备一旦发生事故，使用单位必须采取紧急救援措施，防止灾害扩大，并按照有关规定及时向当地特种设备安全监察机构及有关部门报告。在爆炸危险场所使用的特种设备，还必须符合防爆安全技术要求。

第四讲 矿山安全开采必备条件

［本讲要点］ 矿山开采安全有关法规要求；矿山开采基本的安全条件；地下开采矿山的安全条件；矿山设施安全的有关规定；矿用产品的特殊性；在有爆炸性危险环境中使用电气设备的规定；矿山企业设备安全管理；矿山环境安全有关法规的要求；矿柱、岩柱对矿山开采的安全保障；矿山作业环境的安全保障

第一节 矿山开采安全条件

一、有关法规的要求

（一）《矿山安全法》有关规定

（1）矿山开采必须具备保障安全生产的条件，执行开采不同矿种的矿山安全规程和行业技术规范。

（2）矿山设计规定保留的矿柱、岩柱，在规定的期限内，应当予以保护，不得开采或者毁坏。

（二）《矿山安全法》实施条例有关规定

（1）采掘作业应当编制作业规程，规定保证作业人员安全的技术措施和组织措施，并在情况变化时及时予以修改和补充。

（2）矿山开采应当有下列图纸资料：

1）地质图（包括水文地质图和工程地质图）；

2）矿山总布置图和矿井井上、井下对照图；

3）矿井、巷道、采场布置图；

4）矿山生产和安全保障的主要系统图。

（3）矿山企业应当在采矿许可证批准的范围内开采，禁止越层、

越界开采。

（4）在下列条件下从事开采，应当编制专门设计文件，并报管理矿山企业的主管部门批准：

1）有瓦斯突出的；

2）有冲击地压的；

3）在需要保护的建筑物、构筑物和铁路下开采的；

4）在水体下开采的；

5）在地温异常或者有热水涌出的地区开采的。

（5）矿山企业应当建立、健全对地面陷落区、排土场、矸石山、尾矿库的检查和维护制度；对可能发生的危害，应当采取预防措施。

（6）矿山企业应当按照国家有关规定关闭矿山，对关闭矿山后可能引起的危害采取预防措施。关闭矿山报告应当包括下列内容：

1）采掘范围及采空区处理情况；

2）对矿井采取的封闭措施；

3）对其他不安全因素的处理办法。

二、矿山开采基本的安全条件

矿山开采的安全条件是指矿山在建设和开采过程中，其生产的各个系统、生产作业环境、生产设备和设施以及与生产相适应的管理组织与技术措施，应能满足矿山开采的安全需要，不能导致人员伤害、发生疾病死亡或造成设备财产破坏和损失。

（一）生产系统的安全条件

矿山的开采是一个复杂的生产过程，它不仅作业环节多，而且作业场所处在不断的变化之中，特别是其生产工作面的布置要受到矿床的赋存条件、地质构造、顶底板特性以及水文地质情况等开采条件的制约。而这些条件的复杂性，又要求其开采必须遵循一定的规则，如井下开采的矿山，要求在开采生产前必须具有完整可靠的采掘系统、运输提升系统、通风系统、供电系统等。这些生产系统的安全性、可靠性又相互联系，缺一不可，是生产安全的基本保障。

（二）生产作业环境和生产设备、设施的安全条件

生产作业环境的安全条件主要指生产作业场所周围、空间及空

气质量和其他作业场所在生产过程中的安全可靠性。它涉及生产作业过程中所选取的开采方式、开采方法、通风方式、支护形式等。而生产的设备、设施对安全的影响主要体现在这些设备、设施的选择、设置和使用是否符合安全规程的要求。这些规定和要求，是长期以来实践经验的科学总结，也是用无数的鲜血换来的教训。因此，生产作业环境和生产设备、设施是否安全可靠，是影响矿山开采安全的重要因素之一。

(三) 生产管理组织与技术措施方面的安全条件

生产管理组织和技术措施主要是指“人”的因素。矿山事故的发生，主要有两方面原因：

(1) 由于矿井的生产系统、设备、设施达不到要求而发生的，即“物的不安全状态”引起的。

(2) 由于管理系统不完善、规章制度不健全、安全技术措施不合理或者不落实引起的（包括人员的素质和职工的安全教育和培训)，即“人的不安全行为”。

“物”的安全状态和“人”的安全行为，是生产安全问题的两个方面，二者相辅相成，相互补充，缺一不可。

通常所讲的矿山开采的安全条件，一般是指矿山开采的基本条件。矿山开采的基本安全条件是指在矿山生产中，在一定的时间和范围内，在一定的情况下，生产不可或缺的安全条件。这主要就是指矿山开采的生产系统、生产设备和设施、技术装备和技术资料等，这些方面的安全性和可靠性，对安全生产至关重要。

矿山开采如果不具备这些基本的安全条件或者缺少某一方面的条件，就意味着从根本上给矿山生产留下了事故隐患。

三、地下开采矿山的安全基本条件

(1) 地下开采矿山的井口和平硐口及其主要构筑物的位置，应不受地表塌陷、山洪暴发和雪崩的危害。

(2) 主要井巷的位置，应布置在稳定的岩层中，避免开凿在含水层、断层和受断层破坏的岩层中，特别是岩溶发育的地层和流砂中。

(3) 每个生产矿井，必须有两个独立的能上下人的直达地表的安全出口；各个生产中段（水平）和各个采场必须要有两个能上下人的安全出口与直达地表的出口相通。

(4) 选用适应顶板特点的支护形式和器材，井下巷道断面的宽度和高度应满足生产和行人的要求。

(5) 矿井有完整、合理的通风系统，采用机械通风；新矿井、新水平（区段）、新采区的开采应按设计的要求形成通风系统，井下通风构筑物设施、设备的设置和质量以及通风的风质、风量、风速符合要求。

(6) 矿井开采的防排水、防尘供水、供电、照明和通风系统已形成并安全可靠。

(7) 提升、运输系统的安全保护和信号装置齐全可靠，其设备的选择、安装试运转符合要求。

(8) 按规定选择电气设备、仪器仪表，其安装和保护装置，在试运转中符合要求并安全可靠。

(9) 矿石有自然发火的矿井有防灭火系统，消防器材、材料配置及数量符合要求。

(10) 按规定建立矿山救护组织和装备救护工具与器材。

(11) 对开采中产生的噪声、振动、有毒有害物质的危害，有预防措施。

(12) 水文地质及有关图纸等技术资料齐全，有灾害预防和处理计划。

(13) 安全生产规章制度健全，按要求设置安全机构和配足安全人员，对特殊工种的作业人员进行安全技术培训。

(14) 采矿方法和开采顺序合理并符合要求等。

四、露天开采矿山的安全基本条件

(1) 工作帮及非工作帮的边坡角、台阶高度、平台宽度及台阶坡面角，符合设计要求；影响边坡稳定的滑体，已按设计采取了有效措施。

(2) 有防排水、防尘供水系统，各产尘点防尘措施及装备齐全并符合要求。

（3）供电照明和通信网络形成并安全可靠。

（4）采矿设备、装载机械和运输系统的安全防护装置齐全可靠。

（5）采掘爆破的避炮设施和避雷装置安全可靠。

（6）尾矿库和排土场按规定设置。

（7）对开采中产生的噪声、振动、有毒有害物质的危害，有预防措施。

（8）水文地质及有关图纸等技术资料齐全，有灾害预防和处理计划。

（9）安全规章制度健全，按规定设置安全机构和配足安全人员，对特殊工种进行了安全技术培训。

（10）采矿方法和开采顺序合理，并符合要求。

第二节　矿山设备安全保障

一、有关法规的要求

（一）《矿山安全法》有关规定

（1）矿山使用的有特殊安全要求的设备、器材、防护用品和安全检测仪器，必须符合国家安全标准或者行业安全标准；不符合国家安全标准或者行业安全标准的，不得使用。

（2）矿山企业必须对机电设备及其防护装置、安全检测仪器，定期检查、维修，保证使用安全。

（3）矿山企业对使用机械、电气设备以及排土场、矸石山、尾矿库和矿山闭坑后可能引起的危害，应当采取预防措施。

（二）《矿山安全法实施条例》有关规定

（1）矿山使用的下列设备、器材、防护用品和安全检测仪器，应当符合国家安全标准或者行业安全标准；不符合国家安全标准或者行业安全标准的，不得使用。

1）采掘、支护、装载、运输、提升、通风、瓦斯抽放、压缩空气和起重设备；

2）电动机、变压器、配电柜、电气开关、装置；

3）爆破器材、通信器材、矿灯、电缆、钢丝绳、支护材料、防火材料；

4）各种安全卫生检测仪器仪表；

5）自救器、安全帽、防尘防毒口罩或者面罩、防护服、防护鞋等防护用品和救护设备；

6）经有关主管部门认定的其他有特殊安全要求的设备和器材。

（2）矿山企业应当对机电设备及其防护装置、安全检测仪器定期检查、维修，并建立技术档案，保证使用安全。非负责设备运行的人员，不得操作设备。非值班电气人员，不得进行电气作业。操作电气设备的人员，应当有可靠的绝缘保护。检修电气设备时，不得带电作业。

二、矿用产品的特殊性

矿山使用的有特殊安全要求的设备、器材，主要是指能适应矿山特殊的作业环境的设备、器材。

（1）有特殊安全要求的防护用品主要是指井下劳动保护用品，由于使用的特殊性，国家标准规定，必须由安监机构授权的单位进行检测、检验。这类防护用品主要有：

1）矿山安全帽；

2）矿工防护靴；

3）防护面罩等。

劳动保护用品方面的国家标准很多。生产和研制劳动保护用品时，必须执行国家安全标准；尚未有国家标准的，必须执行行业安全标准。

（2）矿用绞车和提升钢丝绳也是有特殊安全要求的强制性检验项目。

（3）特别要提及的是矿山使用的爆破器材，如放炮器材、炸药、雷管、导火索和导爆索等，由于使用不当或产品质量问题，经常造成矿山事故。矿山使用爆破材料时，除必须遵守《中华人民共和国民用爆炸物品管理条例》外，还需考虑矿山特殊安全要求。

(4) 有爆炸性危险的矿井，井下生产中所使用的电气设备必须符合《爆炸性气体环境用防爆电气设备第1部分：通用要求》的要求。当然，防爆设备安全性增加了，其设备成本也就大大提高了。

三、在有爆炸性危险的环境中使用的电气设备

(一) 分类

根据国家安全标准的要求，爆炸性环境中使用的电气设备有隔爆型、增安型和本质安全型3种类型。

(1) 隔爆型电气设备。隔爆型电气设备的技术要求为：内部产生的电火花，即使防爆壳内部产生爆炸，也不会引起设备外可燃性气体的爆炸或燃烧。隔爆设备外壳有一定强度要求，防爆外壳的接合面间隙及加工、维修的精度、光洁度要求很严。

(2) 增安型电气设备。其防爆原理是：增安型防爆结构只能应用于正常运行条件下不会产生电弧、火花或可能点燃爆炸性混合物的高温热源的设备上。这类设备是在其结构上采取一定措施提高其安全程度，以避免在正常和认可的过载条件下出现上述现象。也就是说，这种防爆途径的实质就是采取一定结构形式及防护措施，以防止电火花、电弧和过热等现象的发生。这种防爆式适用于电动机、变压器、照明灯具等一些电气设备。在正常运行时产生电弧、电火花和过热等现象的电气设备及部件不可制成增安型结构。

(3) 本质安全电气设备。本质安全型电气设备是指发生故障时产生的电火花或温度，不致引起易燃性气体燃烧或爆炸的电气设备。就其本质讲它比隔爆型安全，不需要专门的隔爆外壳，具有结构简单、体积小、重量轻等优点。全部电路都是本质安全电路的电气设备为单一式本质安全型电气设备，局部电路为本质安全电路的电气设备为复合本质安全型电气设备。目前井下用得最多的复合式本质安全型电气设备是隔爆兼本质安全型电气设备。如便携式瓦斯报警仪，其探头是隔爆型的，其电路是本质安全型的。本安型电气设备由于受电路使用功率的限制，主要限用于电气控制、信号、通信系统及各种监测仪表、保护装置等。

（二）矿用设备安全性能检验

从国外情况看，国家矿山安全监察机构实行矿山设备、材料安全性能的国家检验制度。如美国劳工部矿山安全卫生署（MSHA）下设“检验认证中心”，实行各种矿山设备、材料的安全卫生性能的国家检验认证制度。矿山设备设计制造时必须由该中心进行安全性能检验，并在设备上打上“MSHA”认证标志。对于在用矿山设备，由劳工部矿山监察人员不定期地进行安全性能检验。

在我国，《中华人民共和国标准化法》和《中华人民共和国计量法》颁布后，国家技术监督部门是统一管理全国标准化工作并对全国计量工作实施的机构。

通过对矿用设备的安全性能的检测检验，可以杜绝设计上安全性能不合格的矿用设备的制造和生产；作为使用这些有特殊安全要求的矿山企业，更应自觉执行法律法规的要求，杜绝没有按国家安全标准或行业安全标准制度生产的矿用产品在矿山使用。当前，很多矿山，特别是乡镇矿山资金投入不足，购置矿用设备、器材时贪图“便宜”，把未经过安全性能检验的产品在井下使用，这也是造成许多安全事故发生的原因之一。

四、矿山企业设备安全管理

（一）对提升及机械运输的安全要求

从我国矿山事故的构成情况看，随着矿井机械化程度提高，机械伤害、提升运输事故呈上升趋势，每年伤亡人数都约占总伤亡人数的20%。而且矿井运输与提升是矿山生产系统的“命脉”，如果发生运输与提升事故，不仅会影响生产的正常进行，而且会直接造成经济损失。

1. 对机车运输的主要安全要求

定期检查机车安全装置是否齐全、灵敏、可靠。机车安全装置包括闸、灯、警铃（喇叭）、连接器、撒砂装置（不包括3t及其以下机车）、过电流保护装置等，其中任何一项不正常即不得使用，应立即进行维修。检查机车的架线高度、悬点间距是否符合安全要求，即在不行人的巷道中架线高度不得低于1.8m，行人巷道中不得低于

2m，主要运输巷道架线高度不得低于2.2m；悬点间隔直线段不得小于5m，曲线段不得小于3m。

运送人员时每班发车前应检查各车的连接装置、轮轴和车闸等，合乎要求方可运行。严禁同时运送有爆炸性、易燃性或腐蚀性的物品，也不得附挂物料车。经常检查人员上下的地点照明是否良好，上下车时是否切断区段架空线电源。

2. 对链板运输机的安全要求

（1）经常检查链板运输机道是否平直无杂物，安设机头处顶板是否坚固，必要时必须有加强支柱；检查链板运输机铺设是否平直，溜槽接口是否平正、连接牢固，支柱与运输机之间是否保持规定范围内的空隙。

（2）两部链板机成直接搭接时，上部运输机头要高于下部运输机0.2m并前后交错1m；横搭接时要高出0.3m。

（3）链板运输机使用前必须检查各部螺丝、联轴节、防护罩、大链及开关是否完好；启动链板运输机时要先发出信号，并先开最后卸矿的一部，然后顺序开动；停机应先停最先装矿的一部，然后顺序停止。

（4）减速器、电动机及各部轴承，温度不得超过60℃；使用液力耦合器时，必须按规定使用易熔合金塞，不得用其他代用品，并严格按规定的油液数量和品种加油。定期检查耦合器旁是否堆积粉尘，是否具有良好的通风、散热条件。

（5）禁止人员在溜槽边坐立和在溜槽边行走，也不得利用链板机运送其他物品。

（6）固定使用的链板运输机必须由专人负责，并按规定定期检修。

3. 对胶带运输机的安全要求

（1）使用胶带运输机运送物料的最大倾角，向上一般不大于18°，向下一般不大于15°，运输机最高点距机板一般应大于0.6m。

（2）胶带运输机必须空载启动，专门运送物料的胶带运输机严禁乘人。

（3）定期检查胶带运输机是否具备防止胶带打滑、跑偏、逆转、过速、过载等保护；使用液力耦合器应经常检查充油情况并按规定使用易熔合金塞。

（4）检查多点装料（矿）点和卸料（矿）点，是否有电气保护及信号装置。

4. 对竖井提升的安全要求

井口安全门必须定期检查提升信号系统，系统内设置闭锁装置，即安全门未关闭，发不出开车信号。提升容器、连接装置、防坠器、罐耳、罐道、阻车器（罐挡）、摇台、装卸设备、天轮、钢丝绳以及提升绞车等都必须按规定定期检查。

（二）对提升钢丝绳及连接装置的安全要求

1. 对钢丝绳的安全要求

（1）用于矿山提升的钢丝绳必须定期试验，检查其安全系数是否符合规定要求。提升人员的钢丝绳，自悬挂时起每半年试验一次。专门用于升降物料的钢丝绳自悬挂时起经过一年试验一次，以后每半年试验一次。

（2）提升钢丝绳必须每天检查一次，平衡绳、井筒悬吊绳必须每周检查一次。

（3）平衡绳的长度必须同提升容器过卷高度相适应，使用圆形平衡绳时，必须有避免平衡绳扭结的装置。

（4）根据井巷条件及锈蚀情况对使用中的钢丝绳必须至少每日涂油一次。对于摩擦轮式，按其规定执行。

（5）钢丝绳产生严重扭曲或变形时禁止使用。

2. 对连接装置的安全要求

（1）定期检查专为升降人员或升降人员和物料的提升装置的连接装置及其他有关部分的安全系数，要求其不得小于13。

（2）专为升降物料的提升装置的连接装置和其他有关部分的安全系数不得小于10。

（3）矿车的连接钩环、插销和无极绳运输的连接装置的安全系数不得小于6。

（4）主井提升容器同提升绳的连接应采用楔形连接装置，对其要定期检查，并每隔5年更换一次。

（5）斜井运输时，矿车之间的连接、矿车与钢丝绳之间的连接都必须使用不能自行脱落的连接装置，倾角超过12°时，必须加装保险绳。

3. 对矿山电气设备的安全要求

定期检查矿山电气设备是否有保护接地、漏电保护、过电流保护，即矿井电气设备安全的“三大保护”。

（1）保护接地是防止触电的一种安全措施。运输中电气设备可能由于内部绝缘损坏，而使其金属外壳以及与电气设备所接触的其他金属物上出现危险的对地电压。人体接触时，就可能发生触电危险。为避免触电，必须装设保护接地。

（2）漏电保护是指利用漏电保护装置切断电源来防止由于电网漏电引起的触电、电火花事故。

（3）过流保护指在电气设备上装设过流继电器，当电网发生短路或是过载，过流保护装置即切断电源，防止电气设备发热超过允许限度，引起绝缘损坏，而造成的人员触电、井下火灾事故。

4. 其他安全要求

（1）对供电的安全要求。

1）有过电流和漏电保护；

2）有接地装置；

3）电缆悬挂整齐；

4）设备硐室清洁整齐；

5）坚持使用检漏电器。

（2）对电缆的安全要求。运行中的矿井电缆，特别是采掘工作面的橡胶套电线，是矿井火灾和燃烧的重要点火源。因此，井下电缆的质量、选型、敷设必须要符合安全的要求。高压电缆必须在规定的周期内进行电缆泄漏和耐压试验。由专职电工每周对固定敷设电缆进行外部检查，每季还需检查一次绝缘情况。对移动式电气设备的橡胶电缆，由当班司机或专职电工检查一次外皮有无破损，每月检查一次绝缘情况。

（3）对安全检测仪器的安全要求。矿山常用的安全检测仪器包括粉尘测量仪器、风表等。对这些仪器、仪表，除按规定定期校正外，安全生产监督管理部门的矿山安全监督员还要进行抽查，以确保使用安全。

总之，矿山设备器材的安全保障范围很广，可以说，存在于矿山任何作业场、生产环节。矿山企业必须严格执行本行业制定的安全规程，作业人员还必须遵守根据安全规程而制定的作业规程和操作规程，坚决做到不违章作业，以保证设备、人员的安全。

五、矿山企业设备的管理制度

针对设备的检查、维修和调整工作，应建立检查周期制度。

（1）矿山必须每个季度检查配电系统继电保护装置的整体情况。冶金、化工、建材矿山必须每年进行一次高压电缆的泄漏和耐压实验。

（2）主要电气设备绝缘电阻检查，冶金、化工矿山每季进行一次，建材矿山每年进行一次。而对移动式电气设备绝缘电阻检查，各矿山必须每月进行一次；冶金矿山至少每季测定一次接地网电阻值，其他矿山至少每年测定一次。对于新安装的电气设备，各矿山企业在其投入运行前必须测定其绝缘电阻和接地电阻。

（3）冶金、化工矿山至少每年还要进行一次变压器等电气设备使用的绝缘油的理化性能及耐压实验。而每半年则要对操作频繁的电气设备使用的绝缘油进行耐压试验。

（4）高压电气设备的停送电操作、修理和调整工作，应实行工作票制度。在检查中发现的问题应及时处理，并将有关情况及检修结果记入记录簿内。

设备器材运行状态的好坏，与定期检查、维修制度及其执行情况是分不开的。矿山企业及其主管部门，必须制定行业安全规程、操作规程和作业规程，规定矿山机电设备及其防护装置、安全检测仪器的检查、维修周期，以保证使用安全。

第三节　矿山作业环境安全保障

一、有关法规的要求

（一）《矿山安全法》有关规定

（1）矿山企业必须对作业场所中的有毒有害物质和井下空气含

氧量进行检测，保证符合安全要求。

（2）矿山企业必须对下列危害安全的事故隐患采取预防措施：

1）冒顶、片帮、边坡滑落和地表塌陷；

2）瓦斯爆炸、煤尘爆炸；

3）冲击地压、瓦斯突出、井喷；

4）地面和井下的火灾、水害；

5）爆破器材和爆破作业发生的危害；

6）粉尘、有毒有害气体、放射性物质和其他有害物质引起的危害；

7）其他危害。

（二）《矿山安全法实施条例》有关规定

（1）矿山作业场所空气中的有毒有害物质的浓度，不得超过国家标准或者行业标准；矿山企业应当按照国家规定的方法，按照下列要求定期检测：

1）粉尘作业点，每月至少检测两次；

2）三硝基甲苯作业点，每月至少检测一次；

3）放射性物质作业点，每月至少检测三次；

4）其他有毒有害物质作业点，井下每月至少检测一次，地面每季度至少检测一次；

5）采用个体采样方法检测呼吸性粉尘的，每季度至少检测一次。

（2）井下采掘作业，必须按照作业规程的规定管理顶板。采掘作业通过地质破碎带或者其他顶板破碎地点时，应当加强支护。

露天采剥作业，应当按照设计规定，控制采剥工作面的阶段高度、宽度、边坡角和最终边坡角。采剥作业和排土作业，不得对深部或者邻近井巷造成危害。

（3）煤矿和其他有瓦斯爆炸可能性的矿井，应当严格执行瓦斯检查制度，任何人不得携带烟草和点火用具下井。

（4）有自然发火可能性的矿井，应当采取下列措施：

1）及时清出采场崩落的矿石和其他可燃物质，回采结束后及时封闭采空区；

2）采取防火灌浆或者其他有效的预防自然发火的措施；

3）定期检查井巷和采区封闭情况，测定矿石可能自然发火地点的温度和风量；定期检测火区内的温度、气压和空气成分。

（5）井下采掘作业遇下列情形之一时，应当探水前进：

1）接近承压含水层或者含水的断层、流砂层、砾石层、溶洞、陷落区时；

2）接近与地表水体相通的地质破碎带或者接近连通承压层的未封钻孔时；

3）接近积水的老窿、旧巷或者灌过泥浆的采空区时；

4）发现有出水征兆时；

5）掘开隔离矿柱或者岩柱放水时。

（6）井下风量、风质、风速和作业环境的气候，必须符合《金属非金属矿山安全规程》的规定。采掘工作面进风风流中，按照体积计算，氧气不得低于20%，二氧化碳不得超过0.5%。井下作业地点的空气温度不得超过28℃；超过时，应当采取降温或者其他防护措施。

（7）开采放射性矿物的矿井，必须采取下列措施，减少氡气析出量：

1）及时封闭采空区和已经报废或者暂时不用的作业面；

2）用留矿法作业的采场采用下行通风；

3）严格管理井下污水。

（8）矿山的爆破作业和爆破材料的制造、储存、运输、试验及销毁，必须严格执行国家有关规定。

（9）矿山企业对地面、井下产生粉尘的作业，应当采取综合防尘措施，控制粉尘危害。井下风动凿岩，禁止干打眼。

二、矿柱、岩柱对矿山开采的安全保障

矿山开采所留设的安全矿柱、岩柱，根据其用途可分为地面建筑物矿（岩）柱、开拓矿（岩）柱、采区矿（岩）柱。

（一）保护地面建筑物及井筒的矿（岩）柱

地面建筑及主要井巷，在矿山开采时，需留设安全矿（岩）柱，

目的是防止发生大量人员的伤亡事故以及遭受严重的破坏。地面建筑物根据其用途可确定为不同的保护级别。

（1）属于Ⅰ级保护级别的有：竖井井筒、井架、提升设备、跨度大于20m的桥梁的桥台、大河的河床、水库、附有泄水设备的堤堰、10kV及以上的高压输电线路、变电所、特别重要的民用建筑物、大的具有全国意义的或精巧的建筑物、5层以上的公用房屋及住宅等。

（2）属于Ⅱ级保护级别的有：设有机械提升设备的辅助通风井筒、斜井井筒、铁路干线的路基、跨度小于20m的桥台、地区的主要管道以及为矿山服务的一些工厂和建筑设施、3~4层的砖砌住房和公用房屋、医院和学校（均不论是几层的建筑）。

（3）属于Ⅲ级保护级别的有：最主要的水道设施、天然的水池、人造的水池、河床、经常流水的山谷、斜井的通风井筒、辅助井筒、公用的地方铁路、架空索道的转变支架及站台、矿用机车的车库、矿山中型机械厂、1~2层的房屋（医院和学校不在此限）。

（二）地面建筑物留设安全矿柱的规定

在矿区内的地面建筑和主要井巷等，应按保护级别、建筑物的结构、岩层层次及岩层移动的特性而采取不同的保护方法。目前大部分矿区主要是采取留设安全矿柱的方法。

（1）计算安全矿柱的尺寸时由于一些参数的数值在确定及测量时不够精确，为了避免误差，在计算受保护面积时，应在受保护对象的外侧加一围护带，围护带的宽度依保护级别而定。对于Ⅰ级保护级别的地面建筑物及主要井巷，围护带的宽度为15m；Ⅱ级保护级别的建筑物，围护带的宽度为10m；Ⅲ级保护级别的建筑物，围护带的宽度为5m。

（2）为保护主要倾斜巷道（斜井、下山等），开有主要倾斜巷道的矿层，到下部各层间的重要安全距离均小于安全深度时，其下部各层均需留设安全矿柱。

（3）竖井井筒和工业场地上的建筑物，应按有关规定要求留设安全矿柱。

（三）地面建筑物下开采的安全规定

（1）矿井在建筑物下、铁路下或水体下开采时，必须设立观测站，观测地表的移动与变形，查明冒落带和导水裂隙带的高度以及水文地质变化等情况，取得实际资料，作为本地区建筑物下、铁路下和水体下开采的科学依据。

（2）在建筑物下、铁路下或水体下开采时，必须经过试采，并按照建筑物、铁路或水体的重要程度以及可能受到的影响，编制专门的开采设计。一般建筑物下的开采设计，必须报矿山主管部门批准。

重要建筑物下、铁路下或水体下的开采设计，必须报省（区）矿山主管部门批准，国务院有关主管部门备案。

（3）试采前必须完成建筑、铁路或水体工程的技术情况调查，收集地质、水文地质资料，设置观测点以及完成建筑物、铁路或水体工程的加固等工作。

试采时必须及时观测，对开采受到影响的建筑物、铁路或水体工程，都必须及时维修，保证安全。

试采结束后，必须提出试采报告，报原批准部门审查。

（四）井下境界和巷道矿（岩）柱

矿山开采留设井下境界和巷道矿（岩）柱，其目的是防水、防火、防漏风等，这与作业场所的安全有直接的联系。

对于井下规定留设的安全矿柱，在规定的期限内，必须加强保护，否则将会造成严重的后果。目前，一些地区由于矿产资源管理混乱，国营大矿周围的小矿盲目开采，乱采滥挖，有的开采大矿上方的防水矿柱，有的开采大矿的边界矿柱，甚至出现大矿和小矿相通的情况，给大矿的安全生产造成了严重的影响；在有些地区已发生了多起水灾、火灾等事故。

三、作业环境的安全保障

由于在矿井生产过程中，从矿井内释放出大量的有毒有害气体，如爆破矿物质氧化及人员的呼吸、作业地点所产生的粉尘等，使井下空气成分发生了很大的变化，一方面氧含量减少，另一方面有毒有害气体及粉尘的浓度增加，这不仅对作业人员的健康不利，而且有的还会发生中毒和爆炸，给矿井生产和人员造成更大的危害。因此，我们必须认识这些有毒有害物质的性质，采取有效的措施进行观测和控制，保证作业场所有一个安全的环境。

（一）各种有毒有害物质的性质和危害

1. 作业场所中有毒有害气体性质

（1）气味。有臭味的气体有 NH_3（剧臭）、SO_2（强烈硫黄臭）、H_2S（坏鸡蛋臭）；但当浓度极低时，SO_2 呈酸味，H_2S 呈微甜味，CO_2 呈微酸味。必要时，可以根据这种性质来察觉这些气体的存在，但它们的浓度大小需用仪表来测定。

（2）相对密度。比空气重的气体有 4 种，即 SO_2、NO_2、CO_2、H_2S；比空气轻的气体有 5 种，即 H_2、CH_4、NH_3、CO、N_2。测定气体浓度时须注意气体的相对密度，即靠近底板来测定比空气重的气体，靠近顶板来测定比空气轻的气体。

（3）溶水性。能溶于水的气体有 5 种，即 SO_2、H_2S、NO_2、CO_2、NH_3。其中 NH_3 和 NO_2 气体在水中的溶解度较大，这种性质告诉我们，爆破时，喷水雾可以溶解爆破产生的 NH_3 和 NO_2 气体。

（4）爆炸性。在爆炸界限内能爆炸的气体有 CH_4、H_2S、CO、H_2。

2. 有毒有害气体对人体的危害

对人体有毒有害的气体有 5 种，按毒性强弱顺序有：

（1）NO_2 是最毒的气体，能强烈地刺激眼睛和呼吸系统，它和呼吸道上的水分能化合成硝酸，使肺肿而致命。开始轻微中毒时不易发觉，数小时后才有中毒征兆。

（2）SO_2 能较强刺激眼睛和呼吸系统，危害程度和 NO_2 相同。

（3）H_2S 能刺激眼睛和呼吸系统，并能使人体血液中毒致命。

（4）CO 能驱逐人体血液中的 O_2，使血液缺氧而致命。

（5）NH_3 能刺激眼睛、皮肤和呼吸系统。

其他气体如 CH_4、CO_2、H_2 和 N_2 等，虽然无毒性，但它们的浓度较大时，导致氧的浓度降低，能使人窒息而死。

3. 粉尘

粉尘的种类依不同矿山而有所不同，但其危害表现在空气中的粉尘浓度超过一定的限量时，人们呼吸了这种含尘空气，经过一段时间，就会得尘肺病。此外，有些粉尘能使人得皮肤病，有些粉尘还有爆炸性等。

（二）作业场所中有毒有害物质容许含量的规定

（1）作业场所中各种有毒有害气体的浓度不得超过表4－1规定的最高允许浓度。

表4－1 矿井有毒有害气体最高允许浓度

名 称	化学式	最高允许浓度/%（体积）	名 称	化学式	最高允许浓度/%（体积）
一氧化碳	CO	0.0024	硫化氢	H_2S	0.00066
二氧化碳	CO_2	0.5	氨	NH_3	0.004
二氧化氮	NO_2	0.00025	氢	H_2	0.5
二氧化硫	SO_2	0.0005			

（2）井下有人工作地点和人行道的空气中粉尘（总粉尘、呼吸性粉尘）浓度，应符合表4－2要求。

表4－2 作业场所空气中粉尘浓度标准

粉尘中游离 SiO_2 含量/%	最高允许浓度/$mg \cdot m^{-3}$	
	总粉尘	呼吸性粉尘
<10	10	3.5
10～50（不含）	2	1.0
50～80（不含）	2	0.5
≥80	2	0.3

第五讲　地下矿山通风

［本讲要点］　矿井空气及气候条件；矿井自然通风的基本概念；矿井自然通风的利用与控制；矿井机械通风；通风机工作的基本参数；矿井通风系统及其布局；主要通风机工作方式与安装地点；阶段通风、采场通风及通风构筑物；通风系统的漏风及有效风量；局部通风；评价矿井通风的主要指标

第一节　矿井空气及气候条件

一、井下空气

正常的地面空气进入矿井后，当其成分与地面空气成分相同或近似，符合安全卫生标准时，称为矿内新鲜空气。由于井下生产过程，产生了各种有毒有害的物质，使矿内空气成分发生一系列变化。其表现为含氧量降低，二氧化碳含量增高，并混入了矿尘和有毒气体（如 CO、NO_2、H_2S、SO_2……），空气的温度、湿度和压力也发生了变化等。这种充满在矿内巷道中的各种气体、矿尘和杂质的混合物，统称为矿内污浊空气。

矿内空气的主要成分是氧气、氮气和二氧化碳。而氮气为惰性气体，在井下变化很小。

（一）氧气（O_2）

氧气为无色、无味、无臭的气体，相对空气的密度为 1.11。它是一种非常活泼的元素，能与很多元素起氧化反应，能帮助物质燃烧和供人、动物呼吸，是空气中不可缺少的气体。

当氧与其他元素化合时，一般是发生放热反应，放热量决定于参与反应物质的量和成分，而与反应速度无关。当反应速度缓慢

时，所放出的热量往往被周围物质所吸收，而无显著的热力变化现象。

人体维持正常生命过程所需的氧量，取决于人的体质、神经与肌肉的紧张程度。休息时需氧量一般为0.25L/min，工作和行走时为1～3L/mim。空气中的氧少了，人们呼吸就感到困难，严重时会因缺氧而死亡。当空气中的氧减少到17%时，人们从事紧张的工作会感到心跳加速和呼吸困难；氧减少到15%时，会失去劳动能力；减少到10%～12%时，会失去神智，时间稍长对生命就有严重威胁；减少到6%～9%时，会失去知觉，若不急救就会死亡。

我国《金属非金属矿山安全规程》规定，矿内空气中含氧量不得低于20%。

（二）二氧化碳（CO_2）

二氧化碳是无色、略带酸臭味的气体，相对空气的密度为1.52，是一种较重的气体，很难与空气均匀混合，故常积存在巷道的底部，在静止的空气中有明显的分界。二氧化碳不助燃也不能供人呼吸，易溶于水，生成碳酸，使水溶液成弱酸性，对眼鼻、喉黏膜有刺激作用。

二氧化碳对人的呼吸起刺激作用。当肺气泡中二氧化碳增加2%时，人的呼吸量就增加一倍，人在快步行走和紧张工作时感到喘气和呼吸频率增加，就是因为人体内氧化过程加快后二氧化碳生成量增加，使血液酸度加大刺激神经中枢，因而引起频繁呼吸。在有毒气体（譬如CO、H_2S）中毒人员急救时，最好首先使其吸入含5% CO_2 的氧气，以增强肺部的呼吸。

当空气中二氧化碳浓度过大，造成氧浓度降低时，可以引起缺氧窒息。当空气中 CO_2 浓度达5%时，人会出现耳鸣、无力、呼吸困难等现象；达到10%～20%时，人的呼吸处于停顿状态，失去知觉，时间稍长有生命危险。

我国《金属非金属矿山安全规程》规定：有人工作或可能有人到达的井巷，二氧化碳浓度不得大于0.5%；总回风流中，二氧化碳浓度不得超过1%。

二、矿内气候

（一）概述

矿工在生产劳动中，因体内不断地进行着新陈代谢作用而产生大量的热。所产生的热除一部分供给肌肉做功，另一部分消耗于人体内部外，其余大部分通过辐射、对流和蒸发等方式向空气散发。当人体产生和散发的热量保持平衡，即体温保持36.5～37℃时，人体就感到舒适。

为了保证工人的身体健康和提高劳动生产率，就需要给工人创造热平衡条件。为保持人体的热平衡条件，需要从人体的生热和散热两方面来考虑。影响人体发热率的大小主要取决于劳动强度，而影响人体散热的条件是空气的温度、湿度、风速三者的综合状态。现就这几个条件分别讨论。

（二）矿内空气的湿度、含湿量

矿内空气与地面空气一样，都是由于空气和水蒸气混合而成的湿空气，衡量矿内空气所含水蒸气量的参数有湿度和含湿量。

影响湿度的因素有以下几种。

（1）地面湿度季节的变化：

1）阴雨季节湿度较大；

2）夏季相对湿度较低，但气温较高，绝对湿度较大；

3）冬季相对湿度较大，但气温较低，绝对湿度并不太高。

地面湿度除受季节影响外，还与地理位置有关。我国湿度分布，沿海地区较高（平均70%～80%），向内陆逐渐降低，西北地区最低（年均30%～40%）。

（2）当矿井涌水量较大或滴水较多时，由于水珠易于蒸发，则井下比较潮湿。一般金属矿山井下湿度在80%～90%；盐矿的涌水较少，且盐类吸湿性较强，相对湿度一般为15%～25%。

矿井湿度变化规律：冬天地面空气温度较低，相对湿度高，进入矿井后温度不断升高，相对湿度不断下降，沿途不断吸收井壁水分，于是出现在进风段空气干燥现象。夏天则相反，地面空气温度高，相对湿度低，进入矿井后，温度逐渐降低，相对湿度不断升高，可能出现过饱和状态，致使其中部分水蒸气凝结成水珠，进风段显得很潮湿。这就是人们所见进风段冬干夏湿的现象。当然，在进风段有滴水时，即使是冬天仍是潮湿的。

回采工作面由于湿式作业，喷雾洒水，一般湿度比较大，特别是总回风道和出风井中，相对湿度都在95%以上。如果开采深度比较大，进风线路比较长，回采工作面和回风道的空气温度常年变化不大，则其湿度常年变化也不大。

（三）矿内空气温度

矿内空气温度是构成矿内气候条件的重要因素，矿内空气温度过高或过低对人体都有不良影响。矿内空气最适宜人劳动的温度是15～20℃。

空气在矿井中流动时由于各种原因温度升高。温升可分为对流温升和换热温升。所谓对流温升，是指空气由于绝热压缩和水分蒸发而出现的温度变化。所谓换热温升，是指由于岩石与空气的热交换而出现的温度的变化。

影响矿内空气温度的主要因素如下：

（1）空气温度。地面气温对矿内气温有直接影响，对于浅井影响更为显著。地面气温一年四季有周期性变化，甚至一日之内也发生周期性变化。这种变化近似为正弦曲线。矿内气温受地面气温影响，也存在这种周期性变化，不过，随着距进风口距离的增加而逐渐减弱，达到某一定距离后，气温趋于稳定。我国北方冬季地面气温低，冷空气进入矿井后使入风段气温降低，如不预热，进风段会有冻结。而南方夏季热空气进入矿井后，会使井下气温升高，恶化作业环境。

（2）空气受压缩和膨胀。当空气沿井筒向下流动时，由于井筒加深，空气受压缩，气温升高。

（3）岩石温度的影响。地面以下岩层温度的变化可分为三带：

1）变温带：地温随地表气温而变化，夏季岩层从空气中吸热而使地温升高，冬季则相反。

2）恒温带：地温不受地面空气温度的影响，而保持恒定不变。恒温带的地温近似等于当地年平均气温，其深度距地面20～30m。

3）增温带：恒温带以下岩石的温度随深度增加而增加。

（四）井下气候条件的舒适性

人体通过食物取得营养物质不断产生热量。所产生的热量中消耗于体力所做的机械功是很小一部分，其余部分则以热的方式散发到体外。人体所产生的热流量与劳动强度有关。根据观测：休息时为90～150W；轻微劳动时为150～200W；中等劳动时为200～250W；重体力劳动时为250～300W；繁重体力劳动时（间断地）为300～450W。

人体的散热方式分为对流、辐射和蒸发。温度低时，对流与辐射散热强，人易感冒；温度适中，人感到舒适；如超过25℃时，对流与辐射大为减弱，汗蒸发散热加强。气温达37℃时，对流与辐射完全停止，唯一的散热方式是汗液蒸发。温度超过37℃时，人将从空气中吸热，而感到烦闷，有时会引起“中暑”。因此井下气温不宜过高或过低。

我国矿山安全条例规定：采掘作业面空气干球温度不得超过28℃。散热条件的好坏，不仅取决于空气温度，还与相对湿度和风速有关。相对湿度大于80%时，人体出汗不易蒸发；相对湿度低于30%时，人感到干燥，会引起黏膜干裂。最适宜的相对湿度为50%～60%，矿井相对湿度较高，多为80%～90%，并且不易调节。井下气候的调节多从温度和风速来考虑。随着气温增高，适当地增加风速，可提高散热效果。

第二节　矿井自然通风

一、矿井自然通风的基本概念

在非机械通风的矿井里常常会观测到井下有风流流动的现象，这种没有机械通风作用时风流的流动称为自然通风。风流流过井巷时与岩石发生了热量交换，导致进、回风井里的气温出现差异，如果回风井里的空气密度小，则两个井筒底部的空气压力不相等，其压差就是所谓的自然风压。在自然风压的作用下风流不断流过矿井，形成自然通风过程。

如图 5－1 所示的矿井，当风机停止运转时，如果在夏天，地面气温较高，进风井空气的平均密度小于回风井空气的平均密度，就出现 $p_4 > p_3$ 的情况，自然风压的作用方向就会与风机的作用方向相反。而在冬天，就会出现与夏天相反方向的自然风压。不难设想，由于地面气温的变化，如果没有风机作用，也会出现 $p_3 = p_4$ 的情况，这时自然通风停止。在山区用平硐开拓的矿井，未安装主要通风机通风时，经常可以见到自然通风风向的变化，有时风流也会停滞。这就表明，完全依靠自然通风，不能满足安全生产的要求。

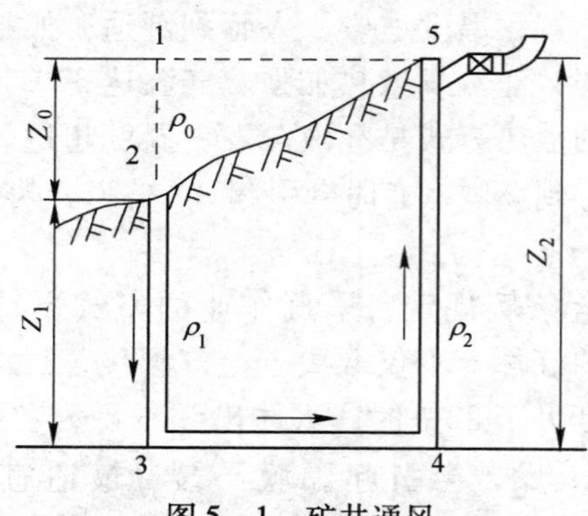

图 5－1　矿井通风

对于一个有主要通风机的矿井，由于上述自然因素的作用，自然通风风压依然存在。假设主要通风机在回风井抽出式或在进风井压入式工作，当炎热季节温度颇高的地面空气流入进风井巷后，其热量虽然已经不断传给岩石，但通常仍然是进风井里的空气密度低于回风井里的空气密度，这时自然风压的方向就与通风机通风的方向相反，通风机风压不仅要用来克服井巷通风阻力，而且还要克服反向的自然风压。冬季情况正好相反，自然风压能够帮助通风机去克服井巷通风阻力。

从上述自然通风形成的原因也可以说明，即使只有一个出口的井筒或平硐，也可能形成自然通风：冬天，当井筒周壁不淋水，就可能出现井筒中心部下风而周围上风的现象；夏天，却可能出现相反的通风方向。大爆破后产生大量温度稍高的有毒有害气体以后，特别是当井下发生火灾产生大量温度较高的烟体时，就会出现局部的自然风压（称为“火风压”），扰乱原来的通风系统风流状况。

二、矿井自然通风的利用与控制

生产实践表明，小型矿山特别是那些山区平硐开拓的中小型矿井，自然通风起了相当的作用。所以，今后仍需掌握自然通风的规律，并合理地利用它，以帮助机械通风。从矿井向深部发展的角度来看，深矿井的自然通风风压增大，也需要合理地予以利用，以帮助主要通风机工作，节约通风动力费。

根据矿山生产经验和对自然通风规律认识的基础上，特提出以下几方面的途径，以实现对自然通风有效利用。

（一）设计和建立合理的通风系统

在山区平硐开拓的矿井，一年里面，上行自然通风的时间一般要比下行的更多一些，而且上行自然通风风压一般也更大一些。为了排除污风，采取上行通风一般来说更为有利。因此，在拟定通风系统时，要从全年着眼，利用低温季节的上行自然风流为主，而对高温季节的下行自然风流采取适当的限制措施，以期不致扰乱和破坏拟定的上行通风状况。如果这种矿山采空区较多并与地表贯通，高温季节将有大量的自然风流经采空区下灌，从而严重扰乱原定的通风状况和影响生产，这往往成为需要解决的关键问题。在这种情况下，可以根据矿脉（体）赋存的空间关系，采用灵活性较大的分区通风系统。这种分区系统范围较小，比较好控制，分散独立比整体相连也更好控制。同时，可采用加强密闭，建立相对稳定的、接近作业区的专用回风道，安设小型通风机等措施，以便收集和排出下部采场的污风和下窜的自然风。对于大范围贯通地表的密闭工程，如果这种隔离程度达不到完全独立，那么在自然风流下行时期必须做到生产区的污风不致排入大采空区，以防污风又从大采空区随风下灌再窜入生产区。

在丘陵和平缓地带用井筒开拓的矿井，应尽可能利用进风井与回风井井口的高差。进口标高较高的井筒应作为回风井。可能时进风平硐口要迎着常年主导风流，否则可在平硐外设置适当方向的导风墙。排风硐口必要时设置挡风墙。

（二）降低风阻

在一定时期、一定范围内自然风压基本是定值，因此降低风阻就能提高风量。降低风阻主要措施有：

（1）在采场进风侧规划好进风风路，尽可能组织多条平行平巷进风；

（2）各采场之间皆用并联通风；

（3）疏通采场回风天井及其进口断面；

（4）采场回风侧的回风道应予疏通，清除杂物扩大过风断面；

（5）如果回风道接近连通地表的采空区，可以在上风季节适当利用采空区回风。

（三）人工调整进、回风井内空气的温差

有些矿井在进风井巷设置水幕或者淋水，以期冷却空气，同时也可净化风流。如果大量淋水，势必增加排水动力，因此经济上不合理，除非矿井下部具有疏干放水平硐。

（四）高温季节从上部采空区下行自然风流的利用

有的矿山由于采场不掘进先行天井，或者生产区一侧存在大片连通地表的采空区，从而这片采空区就好像一个井筒，在类似条件下，净化风源，利用下行自然风流，是可取的；否则，对于高温季节的下行自然风流应予控制。实践表明，控制的方法仍然是加强密闭，采用小型通风机抵制。如果上部连通地表的采空区垂高很大，通道很多，下行自然风流很大，即总的自然通风能量很大，单纯依靠小通风机去抵制，往往难以奏效，或者需要多级串联接力，或者还需辅以大量密闭工程，花费大量通风动力等费用。这时，可在上部中段寻找回风道分别用风机将下行自然风流引导排出，同时兼排下部作业区上行的污风。必要时，还可在下部中段设置风机往上送风，以抵制自然风压，这可能是一种可行的控制方法。

第三节 矿井机械通风

矿井通风采用的机械，都是风压在 0.1 个大气压（10kPa）以下

的通风机。根据通风机的动作原理可分为叶片式、喷射式和容积式三类。随着飞行器和空气动力学的发展，叶片式通风机的效率不断提高，产生的风压和风量比其他两类大，所以成为现今矿井通风的主要机械。

一、风机的构造与分类

矿用通风机按其用途可分为三种：

（1）用于全矿井或矿井某一翼（区）的，称为主力通风机，简称主要通风机或主扇；

（2）用于矿井通风网路内的某些分支风路中借以调节风量、帮助主要通风机工作的，称为辅助通风机，简称辅扇；

（3）用于矿井局部地点通风的，称为局部通风机，简称局扇。它产生的风压几乎全部用于克服它所连接的风筒阻力。

矿用通风机按其构造原理可分为离心式与轴流式两大类。

（1）离心式通风机。如图 5－2 所示，离心式通风机主要由动轮（工作轮）1、螺旋形外壳5、吸风管6 和锥形扩散器7 组成。有些离心式通风机还在动轮前面装设具有叶片的前导器（固定叶轮）。前导器的作用是使气流进入动轮入口的速度发生扭曲（前导器叶片给风机导向），以调节通风机产生的风压。动轮是由固定在主轴 3 上的轮

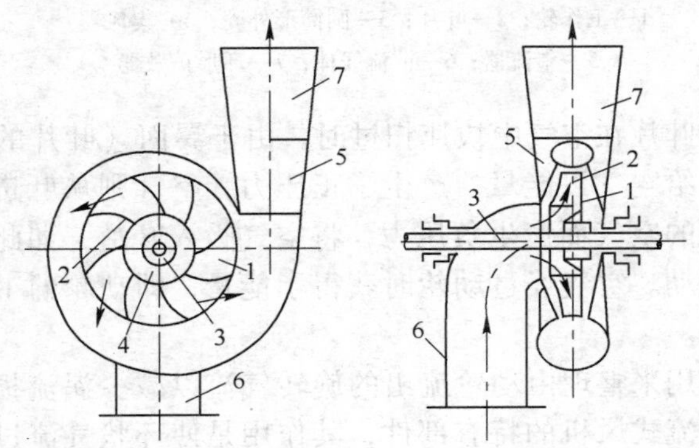

图 5－2　离心式通风机

1—动轮（工作轮）；2—叶片；3—主轴；4—轮毂；
5—螺旋形外壳；6—吸风管；7—锥形扩散器

毂 4 和其上的叶片 2 组成；叶片按其在动轮出口处安装角的不同，分为前倾式、径向式和后倾式三种。工作轮入风口分为单侧吸风和双侧吸风两种，图 5－2 为单侧吸风式。

（2）轴流式通风机。如图 5－3 所示，轴流式通风机主要由工作轮 1、圆筒形外壳 3、集风器 4、整流器 5、前流线体 6 和环形扩散散器 7 组成。集风器是一个壳呈曲面形、断面收缩的风筒。前流线体是一个遮盖动滑轮轮毂部分的曲面圆锥形罩，它与集风器构成环行入风口，以减小入口对风流的阻力。工作轮是由固定在轮轴上的轮毂和等距安装的叶片 2 组成。叶片的安装角可以根据需要来调整。一个动轮与其后的一个整流器（固定叶轮）组成一段。为提高产生的风压，有的轴流式通风机安有两段动轮。

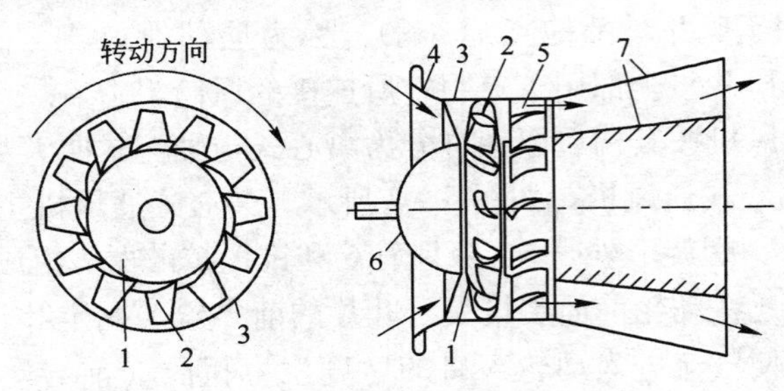

图 5－3　轴流式通风机

1—工作轮；2—叶片；3—圆筒形外壳；4—集风器；
5—整流器；6—前流线体；7—环形扩散器

当动轮叶片在空气中快速扫过时，由于翼面（叶片的凹面）与空气冲击，给空气以能量，产生了正压力，空气则从叶道流出；翼背牵动背面的空气而产生负压力，将空气吸入叶道，如此一吸一推造成空气流动。空气经过动轮时获得了能量，即动轮的工作给风流提高了全压。

整流器用来整理由动轮流出的旋转气流以减少涡流损失。环行扩散器是轴流式风机的特有部件，其作用是使环状气流过渡到柱状（风硐或外扩散器内的）空气流，使动压逐渐变小，同时减小冲击损失。

通风机的附属装置，除通风机和电动机以外，还应有反风装置、风硐和外扩散器等附属装置。

目前常用的国产通风机型号主要有：

1）轴流式通风机有 $62A_{13}-11$ 型、K40 型、DK40 型和 FS 型等；

2）离心式通风机有 G4－73－11 型、4－72 型、T4－72 型和 4－79 型等；

3）局扇有 JBT－4、JBT－5 型、JBT－6 型和 JF－5 型等。

各类通风机规格和性能可参看产品目录或有关设计参考资料。

二、通风机工作的基本参数

通风机工作的基本参数是风量、风压、功率和效率，它们共同表达通风机的规格和特性。

（1）风量 Q。表示单位时间流过通风机的空气量（m^3/s，m^3/min 或 m^3/h）。

（2）风压 H。当空气流过通风机时，通风机给予每立方米空气的总能量（J），称为通风机的全压 H_t(Pa)，它总是由静压 H_s 和动压 H_v 所组成，即 $H_t=H_s+H_v$。

通风机无论抽出式或者压入式，其全压总是消耗于克服矿井通风阻力 h 和扩散器出口（抽出式）或出风井口（压入式）的动力损失。通风机采用压入式工作时，一般常用它的全压 H_t 来表示它的风压参数，而采用抽出式工作时，常用它的“有效静压”来表示其风压参数。

（3）功率 N。通风机工作的有效总功率为

$$N_t=QH_t/1000 \quad \text{kW}$$

如果通风机风压是用其有效静压 H_s 来表示，则

$$N_s=QH_s/1000 \quad \text{kW}$$

（4）效率 η。通风机轴上的功率 N 因为有部分损失而不能全部传给空气，所以采用效率 η 这一参数来表示通风机工作的优劣。根据所用风压参数形式的不同，有：

全压效率 $\eta_t=QH_t/(1000N_t)$

静压效率 $\eta_s=QH_s/(1000N_s)$

三、通风机的工况

如图 5-4 所示为某矿的主要通风机运转特性曲线。

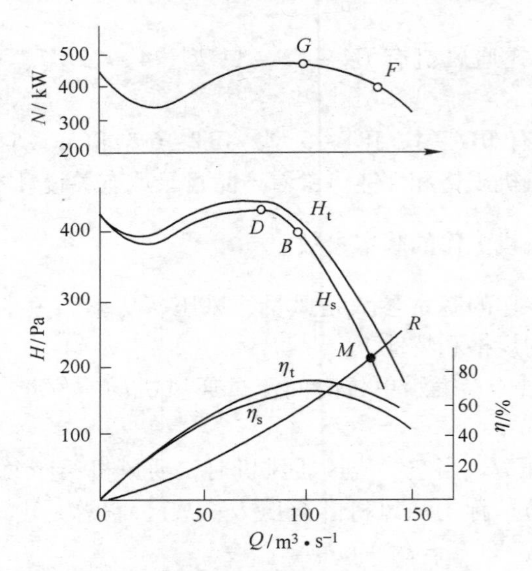

图 5-4 某矿通风机运转特性曲线

将该矿总风阻值绘在该图上得矿井总风阻曲线 R，它与 $H-Q$ 曲线的交点 M 就是该通风机的工况点。工况点的坐标值就是该通风机实际产生的静压和风量；通过 M 点作垂线分别与 $N-Q$ 和 $\eta-Q$ 曲线相交，交点纵坐标 F 值与 η_s 值，分别为通风机的轴功率和静压效率。由此可以根据矿井通风设计所计算出的需要风量 Q 和风压（阻力）h，再从许多条表示不同型号、尺寸、转数或叶片安装角的通风机运转特性曲线中选择一条合理的特性曲线，所选的这条特性曲线表明了它所属的通风机型号、尺寸、转数和叶片安装角等。这就是最简单的选择通风机的方法。所谓选择合理是要求预计的工况点在 $H-Q$ 曲线的位置应满足两个条件：

（1）通风机工作时稳定性好，预计工况点的风压不应超过曲线驼峰点风压的 90%，而且预计工况点更不能落在曲线驼峰点以左——非稳定工作区段；

（2）通风机工作效率要高，最低不应低于60%。

这两个条件就构成了所谓通风机的合理工作区间。

以上所述通风机运转特性曲线只是表示某一台通风机在一定转数下的个性，故可称为个体特性曲线。

四、通风机联合作业

目前一些大中型矿井，由于矿井范围大，井筒较多，生产中段也多且逐渐变深，通风系统复杂，用单台通风机作业不能满足生产对通风的要求，必须使用多台通风机通风，形成多台风机在通风网络中联合作业。

多台风机联合作业时，各台通风机的选型方法，可根据通风系统和风机在网路中的配置，分别算出各通风机所应负担的风量和阻力，再按前述方法和步骤初选风机型号。

初选风机型号以后，有时就要进一步分析它们联合作业的实际工况和效果，包括通风网路中实际的风流状况，各通风机的实际工况及其稳定性、有效性和经济性等效果。这部分数据通常用计算机进行通风网络分析后求得。

第四节　矿井通风系统

矿井通风系统是由向井下各作业地点供给新鲜空气、排出污浊空气的通风网路和通风动力以及通风控制设施等构成的工程体系。矿井通风系统与井下各作业地点相联系，对矿井通风安全状况具有全局性影响，是搞好矿井通风防尘的基础工程。无论新设计的矿井或生产矿井，都应把建立和完善矿井通风系统，作为搞好安全生产、保护矿工安全健康和提高劳动生产率的一项重要措施。矿井通风系统按服务范围分为统一通风和分区通风；按进风井与回风井在井田范围内的布局分为中央式、对角式和中央对角混合式；按主要通风机的工作方式分为压入式、抽出式和压抽混合式。此外，阶段通风网络、采区通风网络和通风构筑物，也是通风系统的重要构成要素。防止漏风，提高有效风量率，是矿井通风系统管理的重要内容。矿井通风系统的有效风量，不得低于60%。采场形成通风系统之前，不得投产回采。

一、统一通风和分区通风

一个矿井构成一个整体的通风系统称为统一通风；划分为若干个独立的通风系统，风流互不干扰，称为分区通风。拟订矿井通风系统时，首先应考虑是采用统一通风还是分区通风。我国金属矿山采用统一通风的较多。统一通风，进排风比较集中，便于管理。开采范围不大的矿井，特别是深矿井，采用全矿统一通风比较合理。近年来，不少矿山，在调整通风系统过程中，根据各矿特点，将一个矿井划分成若干个独立的通风区域，实行分区通风，收到了较好的效果。分区通风具有风路短、阻力小、网路简单、风流易于控制等特点。因此，在一些矿体埋藏较浅且分散的矿山或矿井开采浅部矿体的时期，得到了广泛的应用。但是，由于分区通风需要具备较多的进、排风井，使它的推广使用受到了一定的限制。是否适合分区通风，主要看开凿通达地表的通风井巷工程量的大小或有无现成的其他井巷可供利用。一般来说，在下述条件下，采用分区通风比较有利：

（1）矿体埋藏较浅且分散，开凿通达地表的通风井巷工程量较小，或有现成的井巷可供利用；

（2）矿体埋藏较浅，走向长，产量大，若构成一个通风系统，风路长，漏风大，网路复杂，风量调节困难；

（3）开采围岩或矿石有自然发火危险的规模较大的矿井。

分区通风不同于在一个矿区内因划分成几个井田开拓而构成的几个通风系统。分区通风的各系统处于同一开拓系统之中，井巷间存在一定的联系。分区通风也不同于多台通风机在一个通风系统中联合作业。分区通风的各系统不仅各具独立的通风动力，而且还各有完整的进回风井巷，各系统之间相互独立。实行分区通风应合理划分通风区域，通常将矿量比较集中的地段，划在一个通风区域内。概括起来，有如下几种分区方法：

（1）按矿体分区。当一个矿井只有少数几个大矿体或几个矿量比较集中的矿体群时，可根据矿体分布情况，将最靠近的矿体或矿体群，划为一个通风区。例如，某矿按矿体将矿井划分为两个通风区，每个区域开采两个大矿体，主提升井开凿在中间无矿带内，每一通风区有各自的进回风井，形成两个独立的分区通风系统，如图5－5所示。

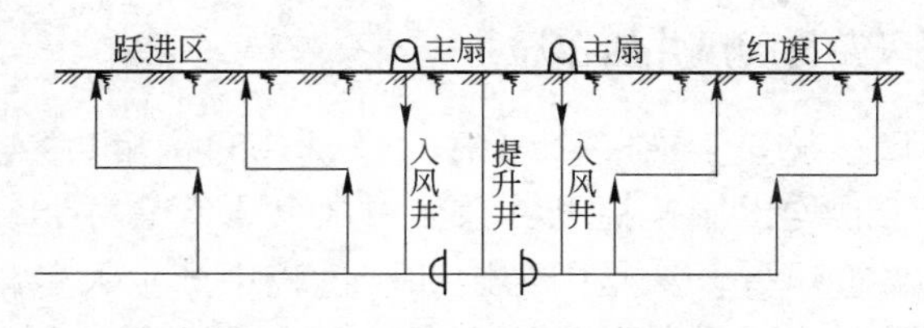

图5－5　某矿井分区通风示意图

（2）按阶段分区。当开采沿山坡分布的平行密集脉状矿床时，矿体距地表较近，经常有旧巷或采空区与地表贯通，上下阶段之间联系较少，可按阶段划分通风区域。江西某钨矿是按阶段分区通风的典型例子（见图5－6）。该矿每个阶段划分为一个或两个通风区，每个通风区均有独立的进风口和排风口，各系统之间风流互不干扰。

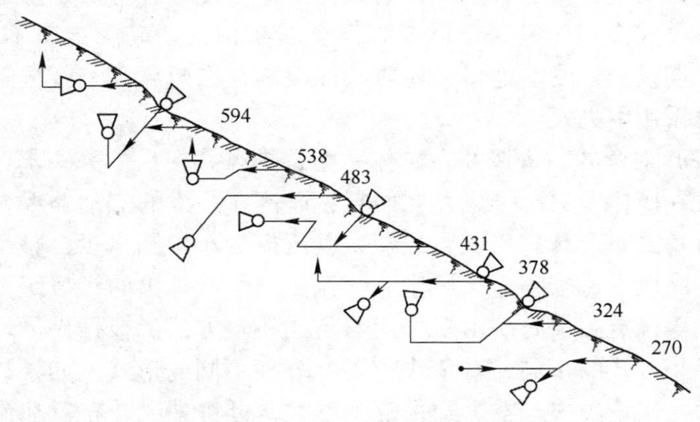

图5－6　按阶段分区通风的典型例子

（3）按采区分区。对于走向长，开采范围广的矿井，可沿走向在每个采区建立一个独立的通风系统。

（4）按通风方法分区。某些生产矿井，当靠近地表的浅部矿体已基本上采空，并形成大量采空区和旧巷与地表相通，如果将其纳入主要通风机系统有困难时，可将该部分从主要通风机系统中隔离出来，单独构成一个以自然通风为主的通风区（安设临时辅助通风机加强通风）。这样，不仅可使浅部残采区形成一定的风流系统，而且还能使深部主要通风机系统更为完善。

二、进风井与回风井的布局

每一通风系统至少有一个可靠的进风井和一个可靠的回风井。在一般情况下，均以罐笼提升井兼做进风井，箕斗井和箕斗、罐笼混合井则不做进风井。这是因为装卸矿过程中产生大量粉尘能造成风流污染的缘故。排风井通常为专用，因为排风风流中含有大量有毒气体和粉尘。

按进风井和排风井的相对位置，可分为中央式、对角式和中央对角混合式三类不同的布置形式。

（1）中央式。进风井与排风井均位于井田走向的中央，风流在井下的流动路线呈折返式。中央式布置具有基建费用少，投产快，地面建筑集中，便于管理，井筒延伸工作方便，容易实现反风等优点。中央式多用于开采层状矿体。金属矿山，当矿脉走向不太长，要求早期投产，或受地形、地质条件限制，在两翼不宜开掘进风井时，可采用中央式。

（2）对角式。进风井在矿体一翼，排风井在矿体另一翼，或者进风井在矿体中央，排风井在两翼，风流在井下的流动路线呈直线式。对角式布置具有风流路线短，风压损失小，漏风少，整个矿井生产期间风压比较稳定，风流分配比较均匀，排出的污风距工业场地较远等优点。金属矿山多采用对角式布置方式。根据矿体埋藏条件和开拓方式的不同，对角式布置有多种不同的形式。如果矿体走向较短，矿量集中，整个开采范围不大，可将进风井布置在矿体一端，排风井在另一端，构成侧翼对角式布置形式。如果同时开采不止一个矿体，而是有两个或两个以上的大矿体时，也可将进风井布置在一端，而另一端根据矿体所在位置，分别设置两个或两个以上回风井，也称多翼对角式。这种方式多在矿体埋藏不深，开凿回风井不太困难时采用。如果矿体走向较长且规整，采用中央开拓，则可将进风井布置在中央，两翼各设一个回风井，构成两翼对角式。有时两翼矿体比较分散，埋藏较浅，开掘回风井工程不大，也可在每一翼布置两个或两个以上回风井，也称为两翼对角式。当矿体走向特别长，规模大，产量高，由一个井筒集中进风风速过高，可将进风井与回风井沿走向间隔布置，构成间隔对角式布置方式。

（3）中央对角混合式。当矿体走向长，开采范围广，采用中央式开拓时，可在井田中部布置进风井和回风井，用于解决中部矿体开采时的通风；同时在矿井两翼另开掘回风井，解决边远矿体开采时的通风。整个矿井既有中央式又有对角式，形成中央对角混合式。有些矿井，在中部井底车场附近有破碎硐室、主溜矿井和火药库等需要独立通风的井下硐室，此时也可在中央建立回风系统，而在两翼另设回风井，解决矿体开采过程中的通风。

进风井与回风井的布置形式，虽可归纳为上述几类，但由于矿体赋存条件复杂，开拓、开采方式多种多样，在矿井设计和生产实践中，要结合各矿具体条件，因地制宜，灵活运用，而不要受上述类别的局限。确定进风井与回风井布置方式时，还应注意以下影响因素：

（1）当矿体埋藏较浅且分散时，开凿通达地表的井巷工程量较小，而开凿贯通各矿体的通风联络巷道较长、工程量较大时，则可多开几个进、回风井，分散布置，还可降低通风阻力。反之当矿体埋藏较深且集中，开凿通风井的工程量较大，而开凿矿体间的通风联络巷道工程量较小时，就应少开凿进、回风井，集中通风。在矿体浅部开采时期，由于距地表较近，可分散布置；到深部开采时，再适当集中，也是合理的。

（2）要求早期投产的矿井，特别是矿体边界尚未探清的情况下，暂时采用中央式布置，使井下很快构成贯通风流，有利于早期投产。随着两翼矿体勘探情况的不断进展，再考虑开凿边界风井。

（3）当矿体走向特别长或特别分散，矿体开采范围广，生产能力大，所需风量较多时，采用多井口、多通风机分散布置的方式，对降低通风阻力，减少漏风十分有益。

（4）主通风井应避免开凿在含水层、受地质破坏或不稳定的岩层中。井筒要布置在围岩崩落带以外，井口应高出历年最高洪水位。进风井周围风质要好，也要考虑排风井不应对周围环境造成污染。

（5）在生产矿山，可以考虑利用稳固的、无毒害物质涌出的旧巷道或采空区作辅助的进风井或排风井，以减少开凿工程量。

三、主要通风机工作方式与安装地点

主要通风机工作方式有三种：压入式、抽出式和压抽混合式。不同的通风方式，一方面使矿井空气处于不同的受压状态，另一方面在整个通风线路上形成不同形式的压力分布状态，从而在风量、风质和受自然风流干扰的程度上，出现不同的通风效果。

（一）压入式

整个通风系统在压入式主要通风机作用下，形成高于当地大气压的正压状态。在进风段，由于风量集中，造成较高的压力梯度，外部漏风较大。在需风段和回风段，由于风路多，风流分散，压力梯度较小，受自然风流的干扰而易发生风流反向。压入式通风系统的风门等风流控制设施均安设在进风段，由于运输、行人频繁，不易管理，漏风大。由专用进风井压入式通风，风流不受污染，风质好，主提升井处于回风状态（漏风），对寒冷地区冬季提升井防冻有利。压入式通风适合在下列条件下采用：

（1）回采过程中回风系统易受破坏，难以维护；

（2）矿井有专用进风井巷，能将新鲜风流直接送往作业地点；

（3）靠近地表开采，或采用崩落法开采，覆盖岩层透气性好；

（4）矿石或围岩含放射性元素，有氡及氡子体析出。

（二）抽出式

整个通风系统在抽出式主要通风机的作用下，形成低于当地大气压的负压状态。回风段风量集中，有较高的压力梯度；在进风段和需风段，由于风流分散，压力梯度较小。回风段压力梯度高，使作业面的污浊风流迅速向回风道集中，烟尘不易向其他巷道扩散，排出速度快。此外，由于风流调控设施均安装于回风道中，不妨碍运输、行人，管理方便，控制可靠。抽出式通风的缺点是，当回风系统不严密时，容易造成短路吸风，特别是当采用崩落法开采，地表有塌陷区与采空区相连通的情况下更为严重。采用抽出式通风系统的矿井的经验表明，在回风道上部建立严密的隔离层，将回风系统与上部采空区隔开，防止短路吸风，是保证抽出式通风发挥良好作用的重要条件。抽出式通风的另一个特点是，作业面和进风系统负压较小，易受自然风压影响出现风流反向，造成井下风流紊乱。抽出式通风使主要提升井处于进风状态，风流易受污染。寒冷地区的矿山还应考虑冬季提升井防冻。一般来说，只要能够维护一个完整的回风系统，使之在回采过程中不致遭到破坏，采用抽出式通风比较有利。我国金属矿山大部分采用抽出式通风。

（三）压抽混合式

在进风段和回风段均利用主要通风机控制风流，使整个通风系统在较高的压力梯度作用下，驱使风流沿指定路线流动，故排烟快，漏风少，也不易受自然风流干扰而造成风流反向。这种通风方式兼压入式和抽出式两种通风方式的优点，是提高矿井通风效果的重要途径。当然，压抽混合式通风所需通风设备多，管理较复杂。在下述条件下可采用压抽混合式：

（1）采矿作业区与地面塌陷区相沟通，采用压抽混合式可平衡风压，控制漏风量；

（2）有自然发火危险的矿山，为防止大量风流漏入采空区引起发火，可采用压抽混合式；

（3）利用地层的调温作用解决提升井防冻的矿井，可在预热区安设压入式通风机送风，与抽出式主要通风机相配合，形成压抽混合式。

（四）多级机站通风

这是一种由几级进风机站以接力方式将新鲜空气经进风井巷压送到作业区，再由几级回风机站将作业时形成的污浊空气经回风井巷排出矿井的通风系统。其通风方式属压抽混合式。此系统在进风段、需风段和回风段均设有通风机，对全系统施行均压通风，能有效地控制漏风，节省通风能耗，风量调节也比较灵活。但所需通风设备较多，管理较复杂。其适用条件与压抽混合式相同。

主要通风机可安装在地表，也可安装在井下，一般多安装在地表。

主要通风机安装在地表的主要优点是：

（1）安装、检修、维护管理比较方便；

（2）井下发生灾变事故时，通风机不易受到损害，便于采取停风、反风或控制风量等应急措施。

其缺点是：

（1）井口密闭、反风装置和风硐的漏风较大；

（2）当矿井较深，工作面距主要通风机较远时，沿途漏风大；

（3）在地形条件复杂的情况下，安装、建筑费用较高。

主要通风机安装在井下的优点是：

（1）主要通风机装置漏风少；

（2）通风机靠近作业区，沿途漏风也少；

（3）可利用较多井巷进风或回风，降低通风阻力；

（4）密闭工程量较少。

其缺点是：

（1）安装、检修和管理不方便；

（2）易因井下灾害而遭到破坏。

在下列情况下可考虑将主要通风机安装在井下：

（1）地形险峻，在地面无适当地点可供安装主要通风机，或地面有山崩、滚石、滑坡等不利因素，威胁主要通风机安全；

（2）矿井进风区段运输行人频繁，风流难以控制；而回风区段又与采空区及地表塌陷区沟通，不易隔离；

（3）矿井深部开采阶段，作业面距地表主要通风机远，沿途漏风大且不易控制；

（4）使用小型风扇机进行多级机站通风。

主要通风机安装在井下应注意的问题：

（1）主要通风机应安装在不受地压及其他灾害威胁的安全可靠的地点；

（2）进风系统与回风系统之间一切漏风通道应严加密闭；

（3）抽出式通风的地下主要通风机、主要通风机房和检修通道应供给新鲜风流；

（4）采用具有良好空气动力性的机站结构，降低通风阻力。

主扇必须连续运转，发生故障或需要停机检查时，应立即向调度和矿长报告。

每台主扇必须具有相同型号和规格的备用电动机，并有能迅速调换电动机的设备。

主扇应有使矿井风流在10min内反向的措施。每年要进行一次反风试验，并测定主要风路反风后的风量。主扇反风，应根据矿井救灾计划，由主管矿长下令执行。

四、阶段通风、采场通风及通风构筑物

（一）阶段通风

金属矿山通常多阶段同时作业。为使各阶段作业面都能从进风井得到新鲜风流，并将所排出的污风送到回风井，各作业面的风流应互不串联，为此必须对各阶段的进、回风巷道统一安排，构成一定形式的阶段通风网路。阶段通风网路由阶段进风道、阶段回风道、矿井总回风道和集中回风天井等巷道连接而成。

（1）阶段进风道。通常以阶段运输道兼阶段进风道。当运输巷道中装卸矿作业的产尘量大或漏风严重难以控制时，也可开凿专用进风道。

（2）阶段回风道。通常利用上阶段已结束作业的运输巷道做下阶段的回风巷道。如果没有一个已结束作业的运输巷道可供回风之用，则应设立专用的阶段回风道。专用回风道可一个阶段设立一条，也可两个阶段共用一条。

（3）总回风道与集中回风天井。在各开采阶段的最上部，维护或开凿一条专用回风道，用以汇集下部各阶段作业面所排出的污风，并将其送到回风井，此回风道称为总回风道。建立总回风道可省掉各阶段的回风道，但需建立集中回风天井。集中回风天井是沿走向布置的贯通各阶段的回风小井，它可将各阶段作业面排出的污风送至上部总回风道。

（二）采场通风

合理的采场通风网路和通风方法，是保证整个通风系统发挥有

效通风作用的最终环节，是整个通风系统的重要组成部分。按各种采矿方法的结构特点，回采作业面的通风可归纳为：

（1）无出矿水平的巷道型或硐室型采场的通风；

（2）有出矿水平的采场的通风；

（3）无底柱分段崩落采矿法的通风。

（三）矿井通风构筑物

矿井通风构筑物是矿井通风系统中的风流调控设施，用以保证风流按生产需要的路线流动。凡用于引导风流、遮断风流和调节风量的装置，统称为通风构筑物。合理地安设通风构筑物，并使其通常处于完好状态，是矿井通风技术管理的一项重要任务。通风构筑物可分为两大类：一类是通过风流的构筑物，包括主要通风机、风硐、反风装置、风桥、导风板、调节风窗和风障；另一类是遮断风流的构筑物，包括挡风墙和风门等。

《金属非金属矿山安全规程》规定：通风构筑物（风门、风桥、风窗、挡风墙等）必须由专人负责检查、维修，保持完好状态。主要运输巷道应设两道风门，其间距应大于一列车的长度。手动风门应与风流方向成80°~85°的夹角，并逆风开放。

五、通风系统的漏风及有效风量

（一）矿井漏风及其危害

经进风系统送入的新风，到达作业地点，达到通风目的风流称为有效风流。未经作业地点而通过采空区、地表塌陷区以及通风构筑物的缝隙，直接渗入回风道或直接排出地表的风流称为漏风。矿井漏风降低了作业面的有效风量，增加了通风困难。矿井漏风使通风系统的可靠性和风流的稳定性遭到破坏，易使角联巷道风流反向，出现烟尘倒流现象。大量漏风风路的存在，可使矿井总风阻降低，从而破坏主要通风机的正常工况，效率降低，无益电耗增加。此外，矿井漏风还能加速可燃性矿物的自然发火。减少漏风，提高有效风量是矿井通风管理的重要任务。《金属非金属矿山安全规程》规定矿井通风系统的有效风量不得低于60%。

（二）漏风地点及漏风原因

一般而言，有漏风通道存在，并在漏风通道两端有压差时，就可产生漏风。金属非金属矿山的主要漏风地点和产生漏风的原因如下：

（1）抽出式通风的矿井，通过地表塌陷区及采空区直接漏入回风道的短路风流有时可达很高的数值。造成这种漏风的原因，首先是由于开采上缺乏统筹安排，过早地形成地表塌陷区；其次是在回风道的上部没有保留必要的隔离矿柱；第三是由于对地表塌陷区和采空区未及时充填或隔离。

（2）压入式通风的矿井，通过井底车场的短路漏风。

（3）作业面分散，废旧巷道不能及时封闭，造成风流漏风。

（4）井口封闭、反风装置、井下风门、风桥、挡风墙等通风构筑物不严密，也能造成较大的漏风。

（三）减少漏风，提高有效风量

（1）矿井开拓、开采顺序、采矿方法等因素对矿井漏风有很大影响。对角式通风系统，由于进风井和排风井相距较远，风流直向流动，压差较小，比中央并列式通风系统漏风小。后退式开采顺序，采空区由两翼向中央发展，对减少漏风和防止风流串联有利。充填采矿法比其他采矿法漏风少。在巷道布置上，主要运输道和通风巷道布置在脉外，使其在开采过程中不致过早遭到破坏，对维护正常的通风系统和减少漏风有利。

（2）抽出式通风的矿井，应特别注意地表塌陷区和采空区的漏风。从采矿设计和生产管理上，应尽量避免过早地形成地表塌陷区，已形成塌陷区的矿井，在回风道上部应保留矿柱，并应充填采空区或密闭天井口。压入式通风的矿井，应注意防止进风井底车场的漏风。在进风井与提升井之间至少要建立两道可靠的自动风门。有些矿井在各阶段进风穿脉巷道口试用导风板或空气幕引导风流，可防止井底车场漏风。有些矿山由进风井开凿专用进风平巷，避开运输系统，直接将新鲜风流送到各采区，也可减少井底车场漏风。

（3）提高通风构筑物的质量、加强密闭性是防止漏风的基本措施。挡风墙与风门的面积应尽量小些，挡风墙四周与岩壁接触处要用混凝土抹缝。门板最好用双层木板，中间夹油纸或其他致密材料。

铁门板四周焊缝要严，门框边缘要钉胶皮或麻布，风门下边要挂胶皮帘并设置门槛，保持严密。

(4) 降低风阻、平衡风压也是减少漏风的重要措施。漏风风路两端压差的大小，主要决定于并联的用风地点的通风阻力。降低用风地点风阻，使两端压差减小，可降低漏风风路两端的压差，也能减少漏风。在选择风量调节方法时，降阻调节法对减少漏风更为有利。采用压抽混合式通风和多级机站通风，可使矿井风压趋于平衡，并在生产区段形成零压区，对防止漏风，提高有效风量十分有利。

六、局部通风

在采矿和地质勘探等工程中，必须开掘大量的井巷，而掘进这些井巷时有一个特点就是只有一个出口，所以称为独头巷道。独头巷道的通风称局部通风或掘进通风，其任务是将新鲜风流引至工作面，并排出工作面的炮烟、矿尘等污浊空气，以保证工人在良好的环境下工作。

(一) 局部通风的方法

利用主要通风机（或辅助通风机）风压或自然风压为动力的局部通风方法，简称总风压通风；利用扩散作用的局部通风方法，简称扩散通风；利用引射器通风的局部通风方法，简称引射器通风；利用局部通风机的局部通风方法，简称局扇通风。

(1) 总风压通风。这种通风方法是借助于风障或风筒等设施，将主要通风机或辅助通风机造就的新鲜风流引入独头工作面，以稀释或排出其中的污浊空气。

利用纵向风障导风，根据建筑风障材料的不同，可分为砖风障、木板风障和柔性（帆布、塑料布等）风障等。利用风障或风筒导风时，常在总风流中设有调节风窗，以调节导入独头工作面的入风量。

利用总风压作局部通风动力的最大优点是通风可靠、管理方便，但要求有一定的总风压，以克服引风风道的阻力。因此在选择这种通风方法时要注意作用于该处的总风压能否满足局部通风的要求，同时也要考虑在工程上是否可行。

(2) 扩散通风。扩散通风方法不需要任何辅助设施，主要是靠新鲜风流的紊流扩散作用清洗工作面，它只适用于短距离（10～15m）的独头工作面。例如，在靠近新鲜风流巷道处，开挖一小断面的硐室或掘进巷道的开始段。

（3）引射器通风。引射器通风方法是利用高压水或压缩空气为动力、经过喷嘴（喷头）高速射出，在喷出射流周围造成负压区而吸入空气，并经混合管整流继续推动被吸入的空气，造成风筒内风流流动。若流经喷嘴的是压缩空气，常称为压气引射器。以高压水为动力的引射器，常称水风扇。这种通风方法适用于掘进硐室或与局扇配合使用。

（4）局扇通风。这是矿山目前最常用的一种通风方法。按照局扇的工作方式，局扇通风又分为压入式通风、抽出式通风和混合式通风，如图5-7所示。

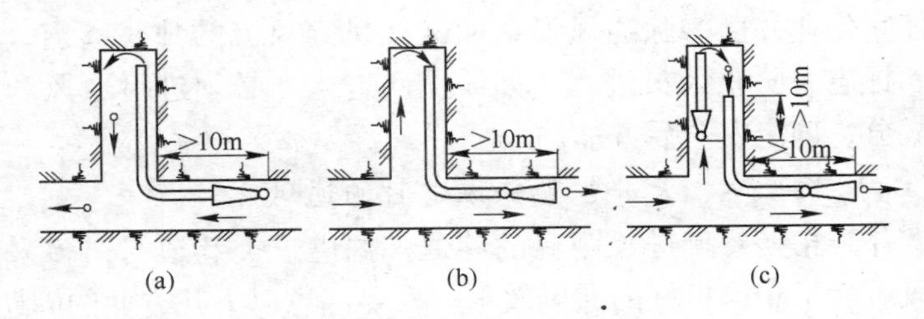

图5-7 局扇通风方式

（a）压入试；（b）抽出式；（c）混合式

压入式通风是通过通风机把新鲜风流经风筒压送到工作面，而污浊空气沿巷道排出，风筒口与工作面的距离不得超过10m。采用这种通风方式，工作面的通风时间短，但全巷道的通风时间长，因此适用于较短巷道掘进时的通风。抽出式通风将工作面的污浊空气经风筒用通风机抽至回风道，新鲜风流由巷道流至工作面，巷道处于新鲜风流中，风筒口与工作面的距离不得超过5m。它适用于较长巷道的掘进通风，但工作面的通风效果不好。故金属矿山多采用混合式通风来代替单一的抽出式通风。混合式通风安装两台通风机，一台向工作面压送新风，一台把污风抽至回风道。这种通风方法具备了压入式和抽出式通风各自的优点，而避免了它们的缺点，通风效果良好，多用在大断面长距离巷道掘进时的通风。压入式风筒的出口与工作面距离不得超过 10m，抽出式风筒的入口应滞后压入式风筒的出口 5m 以上。

为了避免循环风流，对局部通风要求有：从贯穿风流巷道中吸取的风量不得超过该巷道总风量的 70%。采用压入式通风时，吸风口应设在贯穿风流巷道的上风侧，距离独头巷道口不得小于 10m；采用抽出式通风时，排风口应设在贯穿风流巷道的下风侧，距离独头巷道口不得小于 10m。混合式通风时，作抽出式工作风机的排风口也应设在贯穿风流巷道的下风侧，距离独头巷道口不得小于 10m，同时要求吸入口处的风量比压入式局扇的送风量大 20% ~25%；压入式的吸风口与抽出式的吸风口距离要大于 10m。

人员进入独头工作面之前，必须开动局部通风设备通风并符合作业要求。独头工作面有人作业时，局扇必须连续运转。

停止作业并已撤除通风设备而又无贯穿风流的独头巷道，应设栅栏和标志，防止人员进入，如需重新进入，必须进行通风和分析空气成分，确定安全后方准进入。

（二）长平巷、天井、竖井掘进时的通风

矿井开拓期要掘进长距离的巷道，掘进这类巷道时，多采用局扇通风。为了获得良好的通风效果，需要注意以下几方面的问题：

（1）通风方式要选择得当，一般采用混合式通风；

（2）条件许可时，尽量选用大直径的风筒，以降低风筒风阻，提高有效风量；

（3）保证风筒接头的质量，根据实际情况，尽量增长每节风筒的长度，减少风筒接头处的漏风；

（4）风筒悬吊力求“平、直、紧”，以消除局部阻力和避免车碰、炮崩；

（5）要有专人负责，经常检查和维修。

在矿山工作中，可以采用局扇串联通风或钻孔和局扇配合通风来解决长距离巷道掘进时的通风问题。局扇串联是指在没有高风压局扇的情况下，可用多台局扇串联工作。按局扇布置不同，分为集中串联和间隔串联，如图 5 - 8 所示。在相同（风机和风筒）条件下，一般集中串联比间隔串联漏风大，这是因为漏风量的大小与风

筒内外压差有关。与间隔串联时风筒内外压差比较，集中串联时风筒内外压差成倍增加。

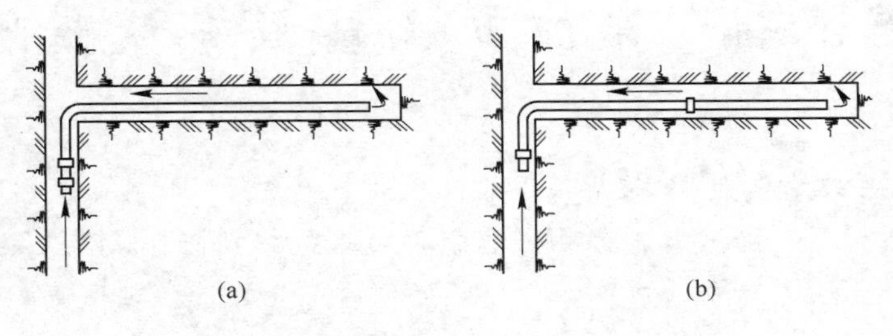

图5-8　局扇串联方式
（a）集中串联；（b）间隔串联

七、评价矿井通风的主要指标

矿井通风的主要技术指标是反映矿井通风基本情况的一些参数。常用的有：风量供需比、有效风量率、风量（风速）合格率、主扇装置效率、单位有效风量所需功率、单位采掘矿石的通风费用、年产万吨矿石耗风量、综合指标、等积孔等。

（1）风量（风速）合格率。指风量或风速符合《金属非金属矿山安全规程》要求的需风点数与需风点总数的百分比。它反映需风点的风量或风速是否满足需要，以及风量的分配是否合理。

（2）风质合格率。指风源质量符合《金属非金属矿山安全规程》的需风点数与需风点总数的百分比。它反映风源的质量及其污染状况。

（3）有效风量率。各独立风流的采掘工作面和硐室的风量之和称为矿井的总有效风量。矿井通风系统中的总有效风量与主扇装置风量的百分比，称为有效风量率，它反映矿井通风的风流控制情况。

（4）主扇装置效率。指主扇装置的输出功率与输入功率的百分比，它反映主扇装置的工况、性能及其在矿井通风网络的匹配是否得当。

（5）综合指标。指以上五项基本指标的综合反映，用以直观地衡量通风系统总的技术经济状况。

第六讲　地下矿山顶板事故预防

［**本讲要点**］　采场地压的概念；采场暴露面及其影响因素；发生冒顶片帮事故的原因；冒顶片帮事故的预防；采矿方法及采矿安全的一般规定

第一节　采场地压管理

一、概述

未开挖的岩体或不受开挖影响的岩体部分，称为原岩体。原岩体中的岩石在上覆岩层重量以及其他力的作用下，处于一种应力状态，一般把这种应力状态称为原生应力场。

岩体被开挖以后，破坏了原岩应力平衡状态，岩体中的应力重新分布，产生了次生应力场，使巷道或采场周围的岩石发生变形、移动和破坏，这种现象称为地压显现。使围岩变形、移动和破坏的力，称为地压或矿山压力。

地压使开采工艺复杂化，并要求采取相应的技术措施，以保证安全生产。为保证正常回采而采取的减少或避免地压危害的措施，或积极利用地压进行开采，这种工作就是地压管理。为进行地压管理所采取的各种技术措施，称为地压管理方法。

地压是金属矿床地下开采中的极其复杂的问题，采矿学者约在一百多年前就开始研究。

通过现场观测、实验室试验和理论分析研究，采矿学者提出了许多地压假说，总结出地压活动规律，以及应用了各种地压管理方法和原则，这一切对完善地下开采工艺和技术，都产生了显著的影响。

采场区别于水电、铁路、国防等地下工程的突出特点主要有：

（1）开采范围较大；

（2）开挖的形状随矿床的形态而变化，极其复杂；

（3）开采的地点没有选择性，有时在坚硬稳固的岩体中，有时在松散破碎的地区；

（4）采场的范围和形状随生产的开展不断变化，岩层受到多次重复的扰动，呈现极其复杂的受力状态；

（5）岩层变形、移动和破坏的规律，短时间内难以认识。

这些都给研究采场地压及控制采场地压，增加较大的困难。

采场地压管理的基本方法有：

（1）利用矿岩本身的强度和留必要的支撑矿柱，以保持采场的稳定性；

（2）采取各种支护方法，支撑回采工作面，以维持其稳定性；

（3）充填采空区，支撑围岩并保持其稳定性；

（4）崩落围岩，使采场围岩应力降低，并使其重新分布，达到新的应力平衡。

二、采场暴露面

影响采场安全暴露面积大小的主要因素有：

（1）矿石和围岩的力学性质；

（2）开采深度；

（3）施加在开采空间顶板上的覆岩层厚度；

（4）暴露面维持的时间；

（5）暴露面的几何形状等。

坚硬致密的岩石允许有较大的暴露面积，裂隙发育或松软的，暴露面积要小，有时还要进行支护。

生产实践证明，开采暴露面的稳固性，不仅取决于面积大小，而且还决定于暴露面积的形状。当暴露面长度小于两倍宽度时，稳定性决定于面积大小；当暴露面长度远远大于其宽度（大于2倍以上）时，其稳固性就决定于宽度，而长度（或面积）已经不是决定因素。例如，宽3m、长10m的巷道是稳固的；在宽度不变长度增加很多时，巷道仍呈稳定状态。

为了保持开采空间暴露面的稳固性，开采空间的跨度不得超过极限跨度或其面积不得超过极限暴露面积。暴露面保持的时间，对于稳定性也有很重要的影响。尽管载荷不增加，但在长期静载荷作用下，岩石由于蠕变，变形迅速增加，能使岩石破坏。因此，在相同条件下，提高开采强度，缩短开采空间的暴露时间，往往能够获得良好的开采效果。

三、矿柱

矿柱的强度与其形状有关。矿柱的宽度越大，高度越小（即矿柱的宽高比越大），矿柱处于三向压缩状态的部分越大，则矿柱的强度越高。

各矿柱承载比例与各矿柱断面大小有关。采区矿柱可称为隔离矿柱，隔离矿柱中矿石大部分处于三向压缩状态，其强度很大，而支撑矿柱很小，属塑性，它只承受部分上覆岩层重量。隔离矿柱的载荷为其上覆岩层总重量加上支撑矿柱的上覆岩层的部分重量。

开采急倾斜矿体时，一般留有顶柱、底柱和间柱。底柱因受放矿巷道切割严重，对围岩的支撑能力很差；顶柱因受剪应力和弯曲应力，只能承受部分载荷。因此，顶柱和底柱的支撑能力，仅按安全系数考虑。间柱由于其厚度大且连续，呈三向受力状态，是支撑围岩的主体部分。

四、支承压力

开采空间上部覆岩的重量，为其两侧围岩（或矿柱）支撑，因而两侧围岩所承受的压力比开挖前要高，升高的压力称为支承压力，压力升高的范围称为支承压力区。

第二节 冒顶片帮事故的预防

一、发生冒顶片帮事故的原因

在采矿生产活动中，最常发生的事故是冒顶片帮事故。冒顶片帮是由于岩石不够稳定，当强大的地压传递到顶板或两帮时，使岩石遭受破坏而引起的。随着掘进工作面和回采工作面的向前推进，工作面空顶面积逐渐增大，顶板和周帮矿岩会由于应力的重新分布而发生某种变形，以致在某些部位出现裂缝，同时岩层的节理也在压力作用下逐渐扩大。在此情况下，顶板岩石的完整性就破坏了。由于顶板岩石完整性的破坏，顶板下沉弯曲裂缝逐渐扩大，如果生产技术和组织管理不当，就可能形成顶板矿岩的冒落。这种冒落就是常说的冒顶事故，如果冒落的部位处在巷道的两帮就称为片帮。

冒顶片帮事故，大多数为局部冒落及浮石引起的，而大片冒落及片帮事故相对较少，因此，对局部冒落及浮石的预防，必须给予足够的重视。引发片帮冒顶事故的主要原因有：

（1）采矿方法不合理和顶板管理不善。采矿方法不合理，采掘顺序、凿岩爆破、支架放顶等作业不妥当，是导致此类事故的重要原因。例如，某矿矿体顶板岩石松软，节理发达，断层裂隙较多，过去采用了水平分层充填采矿法，加上采掘管理不当，结果形成了顶板暴露面积过大，冒顶事故经常发生。后来该矿改变了采矿方法，加强了顶板管理，冒顶事故就有了显著的减少。

（2）缺乏有效支护。支护方式不当、不及时支护或缺少支架、支架的支撑力和顶板压力不相适应等是造成此类事故的另一重要原因。一般在井巷掘进中，遇有岩石情况变坏，有断层破碎带时，如不及时加以支护，或支架数量不足，均易引起冒顶片帮事故。

（3）检查不周和疏忽大意。在冒顶事故中，大部分属于局部冒落及浮石砸死或砸伤人员的事故。这些都是由于事先缺乏认真、全面的检查，疏忽大意等原因造成的。冒顶事故一般多发生于爆破后1～2h内。这是由于顶板受到爆炸波的冲击和震动而产生新的裂缝，或者使原有断层和裂缝增大，破坏了顶板的稳固性。这段时间往往又正好是工人们在顶板下作业的时间。

（4）浮石处理操作不当。浮石处理操作不当引起冒顶事故，大多数是因处理前对顶板缺乏全面、细致的检查，没有掌握浮石情况而造成的。如撬前落后，撬左落右，撬小落大等。此外还有处理浮石时站立的位置不当，撬毛工的操作技术不熟练等原因。有的矿山曾发生过落下浮石砸死撬毛工的事故，其主要原因就是撬毛工缺乏操作知识，垂直站在浮石下面操作。

（5）地质矿床等自然条件不好。如果矿岩为断层、褶曲等地质构造所破坏，形成压碎带，或者由于节理、层理发达，裂缝多，再加上裂隙水的作用，破坏了顶板的稳定性，改变了工作面正常压力状况，容易发生冒顶片帮事故。对于回采工作面的地质构造不清楚，顶板的性质不清楚，也容易造成冒顶事故。

（6）地压活动。有些矿山没有随着开采深度的不断加深而对采空区及时进行处理，因而受到地压活动的危害，频繁引发冒顶事故。

（7）其他原因。不遵守操作规程进行操作，精神不集中，思想麻痹大意，发现险情不及时处理，工作面作业循环不正规，推进速度慢，爆破崩倒支架等，都容易引起冒顶片帮事故。

二、冒顶前的预兆

大多数情况下，在冒顶之前，由于压力的增大，顶板岩石开始下沉，使支架开始发出断裂声，而后逐渐折断。与此同时，还能听到顶板岩石发出“啪、啪”的破裂声。随着顶板岩石进一步破碎，在冒落前几秒钟，就会发现顶板掉落小碎石块，涌水量也逐渐增大，随后便开始冒落。

顶板冒落之前，岩石在矿山压力作用下开始破坏的初期，其破碎的响声和频率都很低，常常在井下工作人员还没有听到之前，老鼠在洞里已经听到了。所以在井下岩层大破坏或大冒落之前，有时会看到老鼠“搬家”，甚至可以看到老鼠受惊，到处乱窜。

所以在井下工作的人员，当听到或者看到上述冒顶预兆时，必须立即停止工作，从危险区撤到安全地点。必须注意的是，有些顶板由于节理发育裂缝较多，有可能发生突然冒落，而且在冒落前没有任何预兆。

三、冒顶片帮事故的预防

要防止冒顶片帮事故的发生，必须严格遵守安全技术规程，从多方面采取综合预防措施。

（1）选用合理的采矿方法。选择合理、安全的采选矿方法，制定具体的安全技术操作规程，建立正常的生产秩序和作业制度，是防止冒顶片帮事故的重要措施。

（2）搞好地质调查工作。对于工作面推进地带的地质构造要调查清楚，通过危险地带时要采取可靠的安全措施。

（3）加强工作面顶板的管理与支护和维护。为了防止掘进工作面的顶板冒落，必须使永久支架与掘进工作面之间的距离不得超过3m，如果顶板松软，这个距离还应缩短。在掘进工作面与永久支架之间，必须架设临时支架。必须加强工作面顶板的管理，对所有井巷均要定期检查，如发现有弯曲、歪斜、腐朽、折断、破裂的支架，必须及时进行更换或维修。要选择合理的支护方式，支架要有足够的强度。采用锚杆支护、喷射混凝土支护、锚喷联合支护等方法维护采场和巷道的顶板时，支护要及时，不要在空顶下作业。

（4）及时处理采空区。矿山开采应处理好采矿与采空区处理的关系，采用正确的开采顺序，及时充填、支护或崩落采空区。

（5）坚持正规循环作业。要坚持正规循环作业，加快工作进度，减少顶板悬露时间。

（6）加强对顶板和浮石的检查与处理。浮石是采场和掘进工作面爆破后极为常见而普遍存在的，要严格检查和清理，以防浮石掉落而造成伤亡事故。可采用简易方法和仪器对顶板进行检查与观测。常用的简易方法有：1）木楔法；2）标记法；3）听音判断法；4）震动法。

此外，还可采用顶板警报器、机械测力计、钢弦测压仪、地音仪等仪器观测顶板及地压活动。

第三节　采矿安全

采矿方法及采矿安全的一般规定

（一）一般规定

（1）地质资料比较齐全，赋存条件基本清楚的中型矿山，应有采矿方法设计作为施工依据。产状、赋存条件缺乏的矿体，必须在开拓、采准过程中，及时进行补充勘探，作出块段或矿块的采矿方法设计。

（2）采矿方法必须根据矿体的赋存条件、围岩稳定情况、设备能力等慎重选择。厚度大或倾角缓的矿体，采用留矿法时，应合理地布置底部结构，防止底板留矿。

（3）每个采场都要有两个出口，并连通上下。安全出口的支护必须坚固，并设梯子。

（4）在上下相邻的两个中段，沿倾斜上下对应布置的采场使用空场法、留矿法回采时，禁止同时回采，只有上部矿房结束后，方准回采下面采场。

（5）采用全面采矿法时，回采过程中应周密检查顶板，根据顶板稳定情况，留出合适的矿柱。

（6）采用横撑支柱采矿法时，横撑支护材料应有足够强度，要搭好平台后才准进行凿岩作业，禁止人员在横撑上行走。采区宽度（矿体厚度）不得超过3m。

（7）矿柱必须合理地回收。设计回采矿房时，必须同时设计回采矿柱。本中段回采矿房结束后，应及时回采上一中段的矿柱。

（8）回采过程中，必须保证矿柱的稳定性及运输、通风等巷道的完好，不允许在矿柱内掘进有损其稳定性的井巷。回采矿房至矿柱附近时，应严格控制凿岩质量和一次爆破炸药量，技术人员要及时给出回采界限，严禁超采超挖。

（9）地压活动频繁、强度大的矿井，应有专管地压的人员。地压管理人员日常对全矿各地段进行监察，发现险情时（如支护歪斜、破损、顶板和两帮开裂等），应及时通知有关人员并分析原因，进行处理。个别地压活动频繁、顶板破碎、有冒落可能的采场，应由有经验的人员，每班进行检查，指导凿岩方式，避免发生大冒落。发现冒落预兆，应立即撤出全部人员。

（10）采空区应及时处理。视采空区体积及潜在危险大小可采取不同的处理办法。体积大，一旦塌落会造成下部整个采场或整个矿井毁灭性灾害的，应采用充填法或及时有效地采用强制崩落的方法处理。体积不大，或远离主要矿体的孤立采空区，可采用密闭方法处理。密闭墙的强度应满足抵御塌落时所产生的冲击波的冲击。

（11）放矿工应和采场搬运工取得联系，在漏斗放矿时，不宜同时往溜井倒矿，以免矿石流冲出伤人。

（二）浅孔留矿法的安全规定

（1）在开采第一分层前，应将下部漏斗扩完并充满矿石。

（2）每个漏斗都应均匀放矿，发现悬空，上部要停止作业，消除悬空后方准继续作业。

（3）放矿人员和采场内的人员，要密切联系。在放矿影响区域内，不准上下同时作业。

（4）每回采一分层的放矿量，应使工作面的高度保持在2m以内。

（三）横撑支柱采矿法的安全规定

（1）采用横撑支柱法采矿，横撑支护材料应有足够的强度，一端必须紧紧插入底板柱窝。

（2）搭好平台方可进行凿岩。

（3）禁止人员在横撑上行走，采区宽度不得超过3m。

（四）充填采矿法的安全规定

（1）采场必须保持两个出口，并有照明。人行井、放矿井和通风井都必须保持畅通。

（2）禁止在采场内同时进行凿岩和处理浮石。

（3）采场放炮前，必须通知相邻采场和附近井巷作业人员，并加强警戒。

（4）上向分层充填采场，必须先施工充填井及其联络道，然后施工底部结构及拉底巷道，以便尽快形成良好的通风条件。

（5）采场凿岩时，炮眼布置要均匀，沿顶板构成拱形。装药要适当，以控制矿石块度。

（6）采场放矿要设格筛，防止人员坠落和堵塞。

（7）每分层回采后要及时充填，确保充填质量。最后一分层要采取措施，严密接顶。

（8）禁止人员在充填井下方停留和通行。充填时，各工序间应有通信联系。

(9) 顺路人行井、溜矿井应有可靠的防止充填料泻落的背垫材料，以防止堵塞及形成悬空。

(10) 下向胶结充填的采场，两帮底角的矿石要清净。混凝土标号不得低于50号。

(11) 干式充填，每个作业点均应有良好的通风、除尘措施，并加强个体防护。

(五) 全面采矿法的安全规定

采用全面法采矿，回采过程中应认真检查顶板，并根据顶板稳定情况，留出合适的矿柱。

(六) 分段采矿法的安全规定

(1) 除回采、运输、充填和通风用的巷道外，禁止在采场顶柱内开挖其他巷道。

(2) 上下中段的矿房和矿柱，其规格应相同，上下要对应。

(七) 分层崩落法的安全规定

(1) 每个分层进路宽度不得超过3m，分层高度不得超过3.5m。

(2) 上下分层同时回采时，必须保持上分层（在水平方向上）超前相邻下分层15m以上。

(3) 崩落假顶时，禁止人员在相邻的进路内停留。

(4) 假顶降落受阻时，禁止继续开采分层。顶板降落产生空洞时，禁止在相邻进路或下部分层巷道内作业。

(5) 崩落顶板时，禁止用砍伐法撤出支柱，开采第一分层时，禁止撤出支柱。

(6) 顶板不能及时自然崩落的缓倾斜矿体，应进行强制放顶。

(7) 凿岩、装药、出矿等作业，应在支护区域内进行。

(8) 采区采完后，应在天井口铺设加强假顶。

(9) 采矿应从矿块一侧向天井方向进行，以免造成通风不良的独头工作面。当采掘接近天井时，分层沿脉（穿脉）必须在分层内与另一天井相通。

(10) 清理工作面，必须从出口开始向崩落区进行。

（八）壁式崩落采矿法的安全规定

（1）悬顶、控顶、放顶距离和放顶的安全措施，必须在设计中作出规定。

（2）放顶前要进行全面检查，以确保出口畅通，照明良好和设备安全。

（3）放顶时，禁止人员在放顶区附近的巷道中停留。

（4）在密集支柱中，每隔3～5m要有一个宽度不小于0.8m的安全出口。密集支柱受压过大时，必须及时采取加固措施。

（5）放顶若未达到预期效果，必须作出周密设计，方可进行二次放顶。

（6）多层矿体分层回采时，必须待上层顶板岩石崩落并稳定后，才准回采下部矿层。

（7）两个中段同时回采时，上中段回采工作面应比下中段工作面超前一个工作面斜长的距离，且不得小于20m。

（8）撤柱后不能自行冒落的顶板，应在密集支柱外0.5m处，向放顶区重新凿岩爆破，强制崩落。

（9）机械撤柱及人工撤柱，应自下而上、由远而近进行。矿体倾角小于10°的，撤柱顺序不限。

（九）有底柱分段崩落采矿法和阶段崩落法的安全规定

（1）电耙道应有独立的进、回风道，电耙道的耙运方向应与风流方向相反。

（2）电耙道间的联络道，应设在入风侧，并在电耙绞车的侧翼或后方。

（3）电耙道放矿溜井口旁，必须有宽度不小于0.8m的人行道。

（4）未修复的电耙道，不准出矿。

（5）采用挤压爆破时，应对补偿空间和放矿量进行控制，以免造成悬拱。

（6）拉底空间应形成厚度不小于3～4m的松散垫层。

（7）采场顶部应有厚度不小于崩落层高度的覆盖岩层。若采场顶板不能自行冒落，应及时强制崩落，或用充填料予以充填。

（十）无底柱分段崩落采矿法的安全规定

（1）回采工作面的上方，应有大于分段高度的覆盖岩层，以保证回采工作的安全。若上盘不能自行冒落或冒落的岩石量达不到所规定的厚度，必须及时进行强制放顶，使覆盖岩层厚度达到分段高度的两倍左右。

（2）上下两个分段同时回采时，上分段应超前于下分段，超前距离应使上分段位于下分段回采工作面的错动范围之外，且不得小于20m。

（3）各分段联络道必须有足够的新鲜风流。

（4）各分段回采完毕，应及时封闭本分段的溜井口。

（十一）回采矿柱的安全规定

（1）回采顶柱和间柱，应预先检查运输巷道的稳定情况，必要时应采取加固措施。

（2）采用胶结充填采矿法时，须待胶结充填体达到要求强度，方可进行矿柱回采。

（3）回采未充填的相邻两个矿房的间柱时，禁止在矿柱内开凿巷道。

（4）所有顶柱和间柱的回采准备工作（嗣后胶结充填采空区除外），须在矿房回采结束前做好。

（5）除装药和爆破工作人员外，禁止无关人员进入未充填的矿房顶柱内的巷道和矿柱回采区。

（6）采用大爆破方式强制崩落大量矿柱时，在爆破冲击波和地震波影响半径范围内的巷道、设备及设施，均应采取安全措施。未达到预期崩落效果的，应进行补充崩落设计。

（十二）残余采矿的安全规定

（1）在废弃时间较长的矿井或中段进行残采时，应首先熟悉原来各系统的布置情况，对已破坏的井巷硐室进行修复，确保通道的安全和必要的通风条件。

（2）废弃采场中的支护材料，封闭溜矿口、漏斗、人行井口的钢材、木材以及井巷中原来冒顶区下的木垛，严禁随便挪用或搬动。发现上述支护材料已有腐烂、破损，应加固或更换。

（3）进入废旧采场进行残采前，必须对采场井巷及支护的稳定性、空气条件作认真检查，处理不安全因素后，方准进行正常的采矿生产。

（4）在老空区内，或矿柱上采矿，应严格控制一次爆破用量，以避免爆破引起大规模冒落灾害。

（5）个体户集中采矿的地段，放炮时必须通知左邻右舍，防止放冷炮伤害他人。宜规定统一的放炮时间，但应避免各作业面同时起爆，形成大规模爆破。各作业面应按顺序爆破。

（6）补充探矿、采矿井巷时，应避开有水的老空区或溶洞。

（十三）小矿点开采的安全规定

（1）小矿点必须留有行人通路。入坑前必须认真检查从地表到工作面的通道和独立的人员出入通道、工作点的边帮、顶板、表土情况，确认安全后，方准进行作业。

（2）遇雨、雪或恶劣天气时，应停止作业，人员撤至地表。雨、雪过后，应观察一定时间，待边帮稳定后方准恢复生产。

（3）在提升矿岩时，人员应躲到安全的地点，不准站在吊桶下方。

（4）地下作业的工作面要有照明，提升支架要稳固牢靠。提升井口要高于地面，以防地表水流入采场及防止矿石或其他物体滚入井内伤人。

（5）进入空气流通不良地点，应防止窒息。

第七讲 地下矿山爆破事故预防

［本讲要点］ 炸药基本知识；矿用炸药；起爆器材及起爆方法；起爆安全技术；爆破器材的管理；矿山爆破事故分析；爆破作业的安全规定；起爆器材加工与起爆方法的安全规定；爆破器材管理的安全规定；爆破事故分类；爆破事故的预防

在矿石或岩石上钻凿炮眼称为凿岩，将炸药装入炮眼，把矿石或岩石从它们的母体上崩落下来，称为爆破。井下爆破按装药结构分为浅孔爆破、深孔（或中深孔）爆破和药室爆破；按作业性质分为井巷掘进爆破和采场爆破。

第一节 炸药基本知识

爆破工程是利用炸药爆炸瞬间释放的巨大能量，破坏炸药周围介质或使其变形，从而达到一定的工程目的的技术。矿山爆破工程就是利用炸药爆炸来破碎岩石和矿石的技术。

一、炸药的基本概念

炸药是在一定条件下，能够发生快速化学反应，释放大量热量和产生大量气体，从而对周围介质产生强烈的机械作用，呈现所谓爆炸效应的化合物或混合物。

炸药按照其组成结构，可分为单体炸药和混合炸药两类；按照用途及其特性，可分为起爆药、猛炸药、火药以及烟火剂等几类。

（1）单体炸药。单体炸药是由单一化合物组成的，多数是由分子内部含有氧的有机化合物组成，在一定的外能作用下，发生高速的化学反应，从而产生爆炸。一般单体炸药的分子都不稳定，这主要与分子内部的特殊爆炸性基因有关。常见的单体炸药有梯恩梯、黑索金、奥克托金、泰安、特曲儿和硝酸甘油等。

（2）混合炸药。混合炸药是含有两种或两种以上组分的混合物，所以有时也称为爆炸性混合物。混合炸药可由炸药与炸药、炸药与非炸药、非炸药与非炸药等物质混合而成。混合炸药中的各种组分的比例可依据用途的不同而有很大的变化，相应亦有很多种类的混合炸药。混合炸药有气态的、液态的和固态的，其中以固态为多。混合炸药主要有普通混合炸药、含铝混合炸药、有机高分子黏结炸药和硝铵类炸药等，其中硝铵类炸药是现代工业炸药的主体。

（3）起爆药。这类炸药对外界能量感受特别敏感，容易受外界能量激发产生爆炸，所以常被用作雷管的起爆药。常用的起爆药有叠氮化铅、雷汞和二硝基重氮酚。

（4）猛炸药。猛炸药的敏感度比起爆药小，比较稳定，通常要在一定的起爆能作用下（如雷管爆炸）才能爆炸。猛炸药的爆炸强度很大，能对周围介质产生强烈的破坏作用。上面提到的梯恩梯、黑索金、奥克托金、泰安等即为常见的猛炸药。

（5）火药。火药能在没有外界氧的参与下进行快速燃烧，同时产生高温高压气体。主要有黑火药、无烟火药等。

（6）烟火剂。烟火剂是指能产生烟火效应的燃烧反应剂。主要有照明剂、信号剂和烟幕剂等。

二、矿用炸药

矿山用炸药应满足以下要求：

（1）爆炸性能良好，有足够的威力；

（2）能用雷管起爆，而且使用安全；

（3）对人体无毒害，爆炸后产生的有毒有害气体少；

（4）在一定的保存期内，不易变质失效；

（5）原材料丰富；

（6）制造简单，成本低廉。

我国矿山用炸药有硝铵类炸药、硝酸甘油炸药以及乳化油炸药等。硝铵类炸药是以硝酸铵为主要成分的混合炸药。由于硝酸铵具有敏感度低、强度低和传爆不良等缺点，通常加入一些敏化剂、可燃剂、防水剂、疏松剂和消焰剂等。这类炸药是我国爆破工程同时也是矿山采用的主体炸药，用量大，价格低廉。常用的硝铵类混合炸药有铵梯炸药、铵油炸药、铵松蜡炸药以及含水硝铵类炸药。

（1）铵梯炸药。铵梯炸药由硝酸铵、梯恩梯和木粉混合而成。其中硝酸铵是主要成分，作为氧化剂；梯恩梯作为敏感剂，用以提高炸药的敏感度；木粉为还原剂并起疏松作用，以防止炸药结块硬化。地下矿山常用的岩石炸药就是铵梯炸药。铵梯炸药安全可靠，化学稳定性好，在适当的条件下，保存4～6个月不会失去爆炸性。铵梯炸药同时还有爆炸威力大、生产原料来源广、生产工艺简单、成本低廉的优点，但铵梯炸药抗水性差。铵梯炸药可溶于水，易吸收空气中的水分，有很强的潮解性和结块性。因此铵梯炸药不适合于涌水量大的爆破工作面。在有水工作面使用时，要采取防水措施。在储存、运输和使用时，均应注意防潮。此外，铵梯炸药易燃，燃烧时产生大量有毒气体。

（2）铵油炸药。铵油炸药是以硝酸铵为主，用柴油和木粉等原料混合而成。这种炸药的原料来源丰富，价格便宜，加工简便而且安全，但威力较低，起爆感度低、抗水性差，吸湿性强。铵油炸药不宜用于涌水、淋水和渗水等工作面的硬岩爆破。

（3）铵松蜡炸药。铵松蜡炸药由硝酸铵、松香、木粉和石蜡组成，有时还添加少量的柴油。铵松蜡炸药的爆炸性能好，其威力接近岩石炸药，同时具有良好的防潮抗水性能。其缺点是有毒气体生成量偏高。井下使用时，必须加强通风。

（4）浆状炸药。浆状炸药是以硝酸铵、炸药敏化剂（如梯恩梯）、普通燃料（如硫、炭粉等）为主要成分，并利用高胶黏度亲水胶凝剂使其成为浆糊流质状态的混合炸药。浆状炸药具有良好的抗水性，即使在水中也能爆炸。其威力比铵油炸药大，安全性好。其缺点是敏感度低，传爆性能差，起爆困难，通常需要用敏感度较高的起爆药包起爆。

（5）水胶炸药。水胶炸药通常由氧化剂、水、可燃剂、敏化剂、黏结剂、交联剂和固体添加剂组成。其优点是威力高，且易于起爆，抗水性好，使用安全。其缺点是价格较贵。

（6）乳化炸药。乳化炸药是用乳化技术将燃料油和硝酸盐水溶液制成的乳状液体炸药，具有威力大、易于起爆和抗水性强的特点。

目前，一些科研单位还开发了新型黏性粒状炸药、无梯恩梯等单体炸药，使用安全，冲击感度、热感度、摩擦感度为零，成本低廉。

三、起爆器材及起爆方法

爆破起爆是指通过起爆器材的引爆能引起炸药的爆炸。根据使用的起爆器材的种类，相应的起爆方法有火雷管起爆法、电雷管起爆法、导爆索起爆法和导爆管起爆法。

（一）起爆器材

常用的起爆器材有雷管（火雷管、电雷管）、导爆索及导爆管。雷管是主要的起爆器材，可用来起爆炸药和导爆索及导爆管。按照点火方式，又有火雷管和电雷管之分。

（二）起爆方法

（1）火雷管起爆法。火雷管起爆法就是利用导火索传递火焰引爆雷管，进而引爆炸药。这种起爆方法的操作过程包括：加工起爆雷管；加工起爆药包；装药；点火起爆。

（2）电雷管起爆法。电雷管起爆法就是利用电流引爆电雷管，电雷管起爆药包。电雷管起爆法的药包准备及装填与火雷管起爆法基本相同。电雷管起爆法在装完药后再进行连线，并用导通仪检验网路是否导通。使用的电雷管应事先用导通仪检测，电阻误差过大者不能使用。电爆网路的连线方式有三种，即串联、并联和混联（串并联、并串联）。

（3）导爆索起爆法。导爆索分普通导爆索和低能导爆索两种。普通导爆索可以直接起爆工业炸药，而低能导爆索只能起爆雷管，再由雷管起爆炸药。非煤矿山使用最多的是普通导爆索。所以导爆索起爆法又称为无雷管起爆法，因为这种起爆法通常可以不在炮孔中放置雷管。

（4）导爆管起爆法。导爆管起爆法是用起爆枪或雷管起爆导爆管，引爆起爆药包中的非电毫秒雷管，进而引爆炸药。导爆管起爆网路有并联、串联和并串联等方式。

四、起爆安全技术

(一) 火雷管起爆易产生的事故及其预防措施

1. 导火索及火雷管的质量问题

导火索的正常燃烧速度一般为100～125s/m。导火索的燃烧速度及其均匀性与药芯的成分配比、密度、水分、约束包覆层的质量及燃烧压力有关，当燃烧条件发生变化时，燃烧速度也会发生变化，有时甚至中止燃烧。由于本身可能存在的缺陷和外界因素的影响，导火索常见的质量问题有超过正常速度的快燃或爆燃、低于正常速度的缓燃以及不能正常传火（在传火过程中熄灭）等。

此外，火雷管本身也存在不能爆炸的可能。我国目前规定雷管出厂时允许有0.3%的拒爆率，实际上生产厂家一般达不到该要求。

2. 火雷管起爆的早爆与预防

导火索可能产生的快燃或爆燃，会导致火雷管产生早爆现象，从而引发伤亡事故。加强导火索及雷管的制造、存储、运输等的管理工作，提高导火索和雷管的质量，可以大大减少导火索速燃、缓燃、拒燃和雷管的拒爆现象。预防火雷管早爆事故的发生，除了严格保证导火索的质量外，还应采用安全点火方法起爆火雷管。火雷管起爆的点火方法有单个点火和集中点火两种方法。但单个点火极不安全，在操作过程中如果碰到快燃导火索或其他原因迟误点火时间，就会发生伤亡事故。所以，《爆破安全规程》规定，火雷管起爆时，必须采用一次集中点火法点火。集中点火可用母子导火索、点火筒等点火工具点火。

3. 火雷管起爆的延迟爆炸及预防

当导火索有断药或缺药等缺陷及受外力作用导致导火索似断非断时，会引起延迟爆炸事故。延迟爆炸事故的危害很大。预防延迟爆炸事故的发生，除了要加强导火索、雷管和炸药的质量管理，建立健全检验制度外，还要在操作中避免过度弯曲或折断导火索，由专人听炮响声并数炮，或由数炮器数炮。有瞎炮或可能有瞎炮时，应加倍延长进入炮区的时间。

4. 火雷管起爆的拒爆及预防

导火索不能传火、火雷管不能起爆都能导致拒爆。其具体产生原因主要有：

（1）导火索或雷管质量不好；

（2）受潮变质；

（3）操作程序不合理，使导火索过度弯曲；

（4）炮孔参数不合理；

（5）放炮时出现漏连或点火时漏点等。

完全消除火雷管起爆的拒爆现象是很困难的，但应采取积极措施将拒爆率降到最低限度。其主要包括：

（1）要认真选购和检查导火索和雷管；

（2）妥善保存导火索及雷管，防止受潮变质；

（3）加强爆破员的培训，提高其专业知识水平，改进操作技术。

（二）电雷管起爆的安全问题

1. 电雷管的早爆及预防

杂散电流、雷电和静电是引起电雷管起爆早爆事故的主要因素。

杂散电流也称为漏电电流，是一种存在于电气网路之内的杂乱无章的电流。由于这种电流分布广泛，其载体又多种多样，一旦进入雷管和爆破网路，就容易引起早爆事故。杂散电流对电雷管的危害程度，要看进入电雷管的电流值是不是大于电雷管的爆破电流值。控制杂散电流的最大困难在于其分布广，只能用专门的仪器测量，而测量结果往往受环境、技术条件、测量方法和选点的影响，难以精确反映实际情况。矿山杂散电流主要是直流，而且是低电压大电流，并有方向性变化。电器牵引网路引起的杂散电流是其主要来源。

预防杂散电流的主要措施有：采用防杂散电流的电爆网路；采用抗杂散电流的电雷管；采用非电起爆；加强爆破线路的绝缘，不用裸线连接。

雷电可通过直接雷击、静电感应或电磁感应的方式引爆电雷管，其中以电磁感应为主。

预防雷电引起早爆应采取的措施包括：禁止在雷雨天气进行电雷管爆破；在爆破区内设立避雷系统；采用屏蔽线爆破；采用非电

起爆系统起爆。

静电引起的早爆是工程爆破中的常见事故，应引起足够的注意。静电除了能引爆雷管外，还能引起药尘或矿尘爆炸。静电产生的能量只有在大于雷管或药尘的最小爆炸能量时，才能引起爆炸。

预防静电产生早爆事故应采取的措施包括：增加炸药水分；采用抗静电雷管；采用非电起爆方法。

2. 电雷管拒爆、延迟爆炸及预防

电雷管拒爆的原因，一是雷管本身有缺陷，而且有的缺陷用导通仪检验时还不易被发现；二是起爆网路的设计及操作中有失误。

为了减少拒爆现象的发生，除了要严格检测雷管，保证雷管质量外，还要采取准确可靠的起爆网路，消除网路设计方面的差错，同时严格执行操作规程。

如果雷管起爆力不够，不能激发爆轰而只能引起炸药燃烧，就会把拒爆的雷管烧爆，从而引爆剩余的炸药。由于这个过程需要一段时间，所以会产生迟爆现象。要防止延迟爆炸事故，必须加强爆破器材的检验，不合格的爆破器材严禁使用。拒爆往往是发生迟爆的重要条件，因此消除拒爆是避免迟爆事故的重要措施。

（三）导爆管起爆的安全问题

导爆管起爆系统中的雷管和传爆雷管，同普通雷管一样含有高热感度和机械感度的起爆药，使用中要防止冲击和摩擦。导爆管虽然具有一定的抗杂散电流和静电的干扰能力，但在一定条件下，若累积在爆破器材上的静电达到一定强度，仍可发生爆炸事故。导爆管传爆的延时作用比电雷管起爆系统大得多，所以在设计导爆管起爆网路时，不能采用环形网路，即传爆的初始位置与终了位置不能相隔太近。由于导爆管质量上的差异和连通管的不密封性，传爆过程中可能喷出火焰，因此在有瓦斯的情况，禁止使用导爆管。

（四）导爆索起爆的安全问题

导爆索网路最主要的安全问题是拒爆事故。出现拒爆问题的主要原因是连接方法不正确，因此应特别注意采用正确的连接方法，防止拒爆事故的发生。

五、爆破器材的管理

为了确保安全，要特别注意爆破材料的管理工作，按照爆破安全规程建立爆破材料库，严防炸药变质、自爆或被盗窃而导致重大事故。建爆破器材库时，必须凭市（县）以上主管部门批准的文件及设计图纸和专职人员登记表，向所在市（县）公安局申请，经审查符合《中华人民共和国民用爆炸物品管理条例》的有关规定，发给《爆炸物品存放许可证》后，才可建立爆破器材库。

地面上可建立爆破器材库总库、分库和发放站。总库可存放矿山半年的炸药用量和一年的起爆器材用量。严禁在井下设总库。总库只负责向所属各分库或发放站供应爆破器材，不能直接向爆破员发放爆破器材。

总库建筑物应包括炸药房、起爆器材房、起爆器材加工房、发放间、消防设施、消防水池、围墙、值班室、岗楼等，其建筑等级、耐火等级一般应为Ⅰ、Ⅱ级，不得低于Ⅲ级。

分库是为某个生产工区服务的，可以是永久性库，也可以是临时性库。永久性分库的建筑等级和消防等级应和总库一样。地面爆破材料分库储存的炸药不得超过 3 个月生产用量，起爆材料不得超过半年生产用量。井下爆破材料库储存的炸药不能超过 3 天的用量，起爆材料为 10 天生产用量。各爆破材料库的具体位置、布局、结构和设施必须经由主管部门批准，并经当地县（市）公安机关许可。

发放站是直接为生产服务的，服务范围小。发放站只能将爆破器材发放给当班作业的放炮员。

库房周围 40m 内一切针叶树、枯草等易燃物应清除干净。在药库地区内禁止点火、吸烟。不准带火柴、点火用具及易燃易爆物品进入库房。为了能及时消灭可能发生的火灾，必须备有足够数量的消防器材和设施。消防用储水池和消防水管，应经常检查，使之保持良好状态。储水池和水量必须充足。天冷时，要防止易冻的消防器材冻结。库房要用不可燃材料建筑，并有防水、防潮和和通风设施。如果库外的湿度大于库内的湿度，应将库房的门窗关严；如果库外湿度小于库内湿度，可打开库房的门窗通风。

不同性质的炸药必须分别储存，因为不同性质的炸药的感度和安定性不一样，储存它们的危险程度也不同。

库房内炸药和雷管的存放方法要符合安全规程的规定。要防止爆破材料受温度、湿度影响和与其他物品作用而引起的变质以及因炸药本身分解等引起的燃烧或爆炸等。库房里的温度，一般不准超过30℃，在高温地区不超过35℃。在储存易冻的胶质炸药的库房里，如果最低温度低于10℃，必须安装采暖设备。如果贮存的是难冻的胶质炸药，当最低温度低于－15℃时，库房里也必须安装采暖设备，以免炸药冻结。库房内最好采用水暖，炸药离散热片距离不得小于1m。

严防明火和能够引起火花的不安全因素，如火柴、照明发热等。库房保管员要经常检查库房内的温度、湿度是否符合规定，观察爆破材料是否受湿、受热或分解变质，检查消防设施是否有效和防雷设施是否可靠等。要制定并严格执行爆破器材入库、保管和发放的管理制度。在保管过程中，对于渗油的硝酸甘油炸药必须及时处理。禁止穿带铁钉的鞋进入炸药库。

六、矿山爆破事故分析

爆破事故在矿山伤亡事故中占有较大的比例。事故主要类型有：

（1）炸药储存保管中造成的事故。炸药库管理不善会引起爆炸事故。

（2）炸药燃烧中毒事故。炸药燃烧时会放出大量有毒气体。在井下运送炸药，如不遵守安全规程，有时会引起炸药燃烧甚至爆炸事故。

（3）点炮迟缓和导火线质量不良造成的事故。根据统计，点火事故在爆破事故中占有较高比例。一次点炮数目较多时仍采用逐个点火，加之导火线过短，或在水大的工作面导火线受潮，不得不一边割线一边点火，时间拖得太长，都容易引起爆炸事故。

（4）盲炮处理不当造成的事故。在爆破工作中，由于各种原因造成起爆药包（雷管或导爆索）瞎火拒爆和炸药未爆的现象称为盲炮。爆破中发生盲炮如未及时发现或处理不当，潜在危险极大。往往因误触盲炮、打残眼或摩擦震动等引起盲炮爆炸，以致造成重大伤亡事故。

(5) 爆破后过早进入现场和看回火引起的事故。爆破后炸药产生的有毒气体短时间内不能扩散干净，在通风不良的情况下更是如此，过早进入现场就会造成炮烟中毒事故。

(6) 因不了解炸药性能而造成的事故。黑火药、雷管、炸药与火花接触，某些炸药受摩擦、折断、揉搓，硝酸甘油炸药以及冻结或渗油的硝酸甘油炸药本身，都曾经发生过爆炸事故。

(7) 爆破时警戒不严造成事故。警戒不严或爆破信号标志不明确，以及安全距离不够，也会引发爆炸事故。

(8) 早爆事故。早爆事故是指在爆破工作中，因操作不当或因受某些外来特殊能源作用造成雷管或炸药的早爆。在硫化矿床内，使用硝铵类炸药有可能出现提前自爆事故。检查电雷管时使用不合适的检验仪表，而又无安全挡板，曾造成多次伤人事故。雷雨天用电雷管进行爆破，天空对地放电能引起电雷管爆炸。

此外，电网不合理也会造成爆炸事故。使用电雷管而仍用电池灯照明，使脚线头联电，也发生过伤人事故。矿井内的杂散电流及压气装药时所产生的静电都能引爆电雷管。

(9) 相向掘进巷道时的事故。当两个相向掘进的巷道即将贯通时，仍旧同时爆破，也曾在几个矿山发生过事故。原因是两端同时作业，一端爆破时打穿岩石隔层而崩伤另一端工作人员。因此，除了要求测量工作及时观测贯通巷道的距离外，还必须规定相向掘进工作面相隔15m时，贯通巷道只能一头作业。

在进行爆破作业时一定要严格遵守《爆破安全规程》、《金属非金属矿山安全法规》等的有关规定，避免不幸事故的发生。

第二节　爆破作业的相关安全规定

一、爆破作业的安全规定

（一）管理制度

(1) 各种爆破作业必须使用符合国家标准或部颁标准的爆破器

材，不准使用擅自制造的炸药。

（2）进行爆破工作的群采矿山、矿点，必须设爆破工作负责人、爆破员和爆破器材保管员。这些人员应了解所使用的爆破器材的性能、爆破技术和有关的安全知识。

（3）凡从事爆破工作的人员，都必须经过培训和考试，取得当地县公安部门颁发的《爆破员作业证》后才准进行爆破作业。

（二）爆破作业的一般规定

（1）中、小型矿山，进行浅眼爆破时，应有爆破说明书。其内容包括装药量、装药结构、填塞长度、起爆方法等。

（2）爆破作业地点有以下情况之一时，禁止进行爆破作业：

1）有冒顶或边坡滑落危险；

2）通路不安全或通路阻塞；

3）进行中深孔、深孔爆破时，爆破参数或施工质量不符合设计要求；

4）工作面有涌水危险或炮眼温度异常；

5）危险区边界上未设警戒；

6）光线不足或无照明。

（3）进行爆破器材加工和爆破作业的人员禁止穿化纤衣服。

（4）在大雾天、雷雨时、黄昏、夜晚，禁止进行露天爆破。

（5）装药时，必须遵守以下规定：

1）用木制炮棍；

2）装起爆药包时，严禁投掷或冲击；

3）一旦起爆药包没装到位，禁止拔出或硬拉起爆药包中的导火索、导爆索、导爆管或电雷管脚线，应按处理盲炮的有关规定处理。

（6）用明火照明时，明火应远离爆破器材，防止灯具点燃爆破器材。

（7）电爆破时，电雷管必须短路。

（8）进行填塞工作时，必须遵守以下规定：

1）装药后，必须保证填塞质量，禁止采用无填塞爆破；

2）浅孔爆破时，一般填塞长度为孔深的1/3；

3）禁止使用石块和易燃材料填塞炮孔；

4）堵塞要十分小心，不得破坏起爆线路；

5）禁止捣固直接接触药包的填塞材料或用填塞材料冲击起爆药包。

（9）炮响完后，经过充分通风，才准进入爆破作业地点。

（10）爆破工作开始前，必须确定危险区的边界并设置明显的标志。地下爆破应在有关通道上设置岗哨。回风巷应设路障，并挂上“爆破危险区，不准入内”的牌子。

（11）爆破前必须同时发出音响和视觉信号，使在危险区的人员能够听到、看到。爆破后，经检查确认安全时，方可发出解除警戒信号。

（12）爆破员进入放炮地点后，应检查有无冒顶、危石、支护破坏和盲炮现象。如果发现有这些现象，应及时处理。若不能处理时，应设立危险警戒或标志。

处理盲炮必须遵守以下规定：

1）处理盲炮时，无关人员不准在场；

2）应在危险区边界设立警戒，危险区内禁止进行其他作业；

3）禁止拉出或掏出起爆药包；

4）电力起爆发生盲炮时，须立即切除电源，将爆破网路短路；

5）处理裸露爆破的盲炮，允许用手小心地去掉部分封泥，在起爆药包上重新安置新的起爆药包，加上封泥起爆。

处理浅眼爆破的盲炮，可采用以下方法：

1）确认炮孔的起爆线路完好时，重新起爆；

2）可采用打平行眼装药爆破，平行眼距盲炮孔口不得小于30cm，为确保平行炮眼的方向，允许从盲炮孔口起取出长度不超过20cm的填塞物；

3）可用木制、竹制或其他不发生火星的材料制成的工具，轻轻地将炮眼内大部分填塞物掏出，用药包诱爆。

（三）地下爆破

（1）用爆破法贯通巷道，两工作面相距15m时，只准一个工作面向前掘进，并应在双方通向工作面的安全地点派出警戒，待双方人员撤至安全地点后，才准起爆。

（2）间距小于20m的两个平行巷道同时掘进，其中一个巷道工作面进行爆破时，另一个巷道工作面的人员必须撤至安全地点。

（3）在井筒内运送起爆药包，必须把起爆药包放在专用的木箱或提包内。不得使用底卸式吊桶。禁止将起爆药包与炸药同时运送。

（4）往井口掘进工作面运送爆破器材时，除爆破员外，任何人不得留在井筒内。

（5）井筒掘进时，电爆网路的所有接头都必须用绝缘胶布严密包裹并高出水面。

（6）起爆前，所有人员必须撤出危险区。通向爆破地点的入口，必须设置警戒标志。只有在确认爆破危险区没人的情况下，才准起爆。

二、起爆器材加工与起爆方法的安全规定

（一）起爆器材的加工

（1）加工起爆管应在爆破器材库区的专用房间进行，严禁在爆破器材库房、住宅和爆破作业地点进行。

（2）加工时应轻拿轻放，防止掉落、脚踩，禁止烟火。应当边加工，边放入带盖的木箱内。加工点存放的雷管不得超过100发。

（3）应使用快刀切取导火索或导爆管。每盘导火索或每卷导爆管的两端应先切除5cm。切导火索或导爆管时，工作面严禁堆放雷管。切割前应认真检查其外观，凡有过粗过细、破皮或其他缺陷的部分均应切除。

（4）装配起爆管前，必须逐个检查雷管外观，凡管体压扁、破损、锈蚀、加强帽歪斜，或雷管内有杂物者，严禁使用。

（5）应将导火索或导爆管垂直面的一端轻轻地插入雷管，不得旋转摩擦。金属壳雷管应采用安全紧口钳紧口，纸壳雷管应采用胶布捆扎或套金属箍圈后紧口。

（6）加工起爆药包应在爆破作业面附近安全地点进行，加工数量不应超过当班爆破作业需用量。加工时，应用木质或竹质锥子，在炸药卷中心扎一个雷管大小的孔，孔深应能将雷管全部插入，不

得露出药卷。雷管插入药卷后，应用细绳或电雷管的脚线将雷管固紧。

（7）具有以下情形之一的，禁止采用电雷管起爆：爆破区的杂散电流大于 30mA；爆破区离高压电网近；爆破区受射频电的影响大。

（二）电力起爆

（1）在单独房间或室外安全地点，只准用专用爆破仪表逐个检查每次爆破所用电雷管的电阻值。电阻值应符合产品证书的规定。检查电雷管时应注意的事项与加工药包时的相同。

（2）用于同一爆破网路的电雷管应为同厂同批同型号产品，且康铜桥丝雷管电阻值差不得超过 0.3Ω，镍铬桥丝雷管不得超过0.8Ω。

（3）只准用专用爆破电桥导通网路和校核电阻。

（4）爆破主线与起爆电源或起爆器连接之前，必须测全线路的总电阻值。总电阻值与实际计算值应符合（允许误差5%）。若不符合，禁止连接。

（5）一般爆破作业电力起爆时，流经每个雷管的交流电流应不小于2.5A，直流电流不小于2A。

（6）用动力电源或照明电源起爆时，起爆开关必须安放在专门上锁的起爆箱内。起爆箱的钥匙要严加保管。

（7）爆破网路主线应设中间开关。

（8）地下金属矿的电力起爆，装药前必须撤除工作面的一切电源。

（三）火雷管起爆

（1）有下列情况之一者，禁止使用火雷管起爆：有瓦斯和粉尘爆炸危险工作面的爆破；深孔爆破；水量较大的工作面。

（2）竖井、倾角大于30°的斜井和天井工作面的爆破不宜采用火雷管起爆。用火雷管起爆时，应采用电阻丝点火或其他形式的一次点火方法。

（3）采用导火索起爆时，必须遵守以下规定：

1）采用一次点火法点火；

2）点火前，必须用快刀将导火索切除5cm，严禁边点火边切导火索；

3）每个人在同一工作面点燃导火索的根数不得超过5根；

4）必须用导火索或专用点火器点火，严禁用火柴、烟头和灯火点火；

5）严禁脚踩和挤压已点燃的导火索；

6）单个点火时，导火索的长度应保证点完导火索后，人员能撤至安全地点，但最短不能小于1.2m；

7）连续点燃多根导火索时，必须先点燃计时导火索。计时导火索燃烧完毕，无论点完与否，人员必须立即撤离。计时导火索的长度不得超过该次被点导火索中最短导火索长度的三分之一。

（四）导爆索起爆

（1）只准用快刀切割导爆索，但禁止切割接上雷管或已插入炸药里的导爆索。

（2）导爆索起爆网路应采用搭接、“水手结”等连接方法。搭接时，两根导爆索重叠的长度不得小于15cm，捆绑应牢固。支线与主线传播方向的夹角不得大于90°。

（3）导爆索网路除连接时的“水手结”外，禁止打结或打圈。交错敷设导爆索时，应在两根导爆索之间放一厚度不小于10cm的垫块。

（4）起爆导爆索的雷管应绑在距导爆索端部15cm处，雷管的集中穴应朝向导爆索的方向。

（五）导爆管起爆

（1）导爆管网路中不得有死结，装在孔内的导爆管不得有接头。用于同一工作面的导爆管必须是同厂同批号产品。

（2）孔外传爆管之间应留有足够的间距。导爆管网路采用雷管起爆时，应采取措施，防止雷管的集中穴切断导爆管而引起拒爆。导爆管应均匀地敷设在雷管周围，防止秒延期雷管的气孔烧坏导爆管。

（3）在有矿尘或气体爆炸危险的矿井中爆破，禁止使用导爆管起爆。

（4）雷雨季节宜使用非电起爆方法起爆。

三、爆破器材管理的安全规定

（1）爆破器材库存放爆破器材时，各种雷管的箱子必须放在货架上，其他爆破器材的箱袋应堆放在垫木上。架、堆之间的通道宽度应不小于1.3m。

（2）禁止在货架上叠放雷管。

（3）雷管箱距上层货架板的间距不得小于4cm，架宽不超过两箱的宽度。

（4）货架（堆）与墙壁的距离不得小于20cm。

（5）堆放导火索、导爆索和硝胺类炸药的高度不得超过1.6m。

（6）库区必须设人守卫，严禁无关人员进入库内。

（7）爆破器材的收发必须遵守以下规定：

1）对所购进的爆破器材应进行逐箱（袋）检查包装情况，并对爆破器材的主要性能进行检验；

2）应建立爆破器材收发流水账、三联式领料单和退料单制度；

3）定期核对账目，做到账物相符；

4）变质的和性能不详的爆破器材，不得发放使用；

5）爆破器材应按其出厂时间和失效期的先后顺序发放和使用。

四、爆破器材运输和销毁的安全规定

（一）爆破器材运输的一般规定

（1）禁止用翻斗车、自卸式汽车和摩托车运输爆破器材。

（2）禁止爆破器材与其他货物混装。

（3）禁止炸药和雷管混装混运。

（4）严禁摩擦、撞击、抛掷爆破器材。

（5）爆破器材的装载高度不得超过车厢边缘，雷管的装载高度不得超过两层。

（6）分层装爆破器材时，不准站在下层箱（袋）上去装上一层。

（7）装卸运输爆破器材时，严禁烟火和携带发火物品。

（8）运输爆破器材时，应有专人押运，非押运人员不准同车乘坐。

（9）运输爆破器材应持有公安局填发的准运证，车辆应挂危险标志。不准在闹市和人员集中的地方行驶和停留。

（10）运输硝酸甘油类炸药，要注意防冻的有关规定。已冻结或半冻结的硝酸甘油炸药禁止运输，因为轻微的摩擦、震动就会引起爆炸事故。

（二）汽车运输的安全规定

（1）由熟悉爆破器材性质、安全驾驶时间较长的司机驾驶。

（2）汽车行驶速度在能见度好的情况下，不得超过40km/h，能见度差时，速度减半。

（3）在平坦的道路上行驶时，两台汽车间的距离不小于50m，上山或下山时不小于300m。

（三）井下运输的安全规定

（1）运送爆破器材应事先通知卷扬司机和信号工。

（2）用罐笼运输雷管时，其升降速度不超过2m/s，用吊桶或斜坡卷扬时，速度不得超过1m/s。

（3）在上下班或人员集中的时间内，禁止运输爆破器材。

（4）除爆破人员外，其他人员不得同罐乘坐。

（5）禁止爆破器材在井口房或井底车场停留。

（6）采用人工搬运爆破器材时，必须遵守下列规定：

1）在夜间或井下，搬运炸药应带普通手电筒，搬运电雷管时，应带绝缘手电筒；

2）炸药和雷管应分别放在两个专用背包（木箱）内，禁止将雷管装在衣袋内；

3）领取爆破器材后，应直接送到爆破地点，禁止乱丢乱放；

4）不得携带爆破器材在人群聚集的地方停留。

（四）爆破器材的检验

从事爆破工作的人员，可用下面简单易行的方法对爆破器材进行检验：

（1）对爆破器材进行外观检验，检查器材的生产厂名、产品名、批号、生产日期等标志以及外观有无损坏或不正常现象。

（2）抽测导火索的燃烧速度，常用导火索的速度为每分钟燃烧0.5m。速燃、缓燃者均不符合要求。

（3）用雷管起爆合格导爆索和2号岩石炸药（硝铵炸药），如果留有残余的导爆索或残药，说明雷管的起爆能力不符合要求。

（4）使用秒或毫秒延期雷管的单位，应购买必要的检测仪表（雷管参数测定仪），以检测雷管的质量。

（五）爆破器材的销毁

（1）经检验确认失效或不符合技术要求的爆破器材都应销毁。销毁工作应在安全场地进行。

（2）爆破器材的销毁可用爆炸法、焚烧法和溶解法。

（3）销毁各种雷管和导爆索只能用爆炸法。

（4）销毁导火索可用焚烧法或溶解法，最好用焚烧法。

（5）销毁硝铵类炸药可用溶解法、焚烧法和爆炸法。

用爆炸法销毁炸药时，一次销毁量不得超过9kg。用焚烧法销毁火（炸）药时，应散放成条状，其厚度不得大于10cm，条间距不得小于5m，各条宽度不得大于30cm。点燃端应自长条状火（炸）药的下风向开始。

（6）禁止把爆破器材装在容器内焚烧。

（7）导火索烧毁时，要放在高1m，壁厚5cm的铁筒内均匀燃烧，每次投入数量不超过200g。

（8）炸毁雷管时，每次不得超过1000发。销毁前，把电雷管脚线剪下，将雷管放在土坑中爆炸。

（9）如果销毁带有坚固外壳的爆破弹、爆破筒和射孔弹等，必须在2m以下深坑或废旧巷道中进行，销毁人员必须在安全距离之外的掩蔽部内起爆。

（10）用溶解法销毁硝酸铵、黑火药和硝铵类炸药时，溶解应在桶或其他容器内进行，不得丢在江河、湖泊中，污染水质。每次销毁15kg，所需水量不少于400～500kg。

（11）用炸毁法销毁炸药时，一般一次销毁量为10～15kg，如果一次销毁量大于20kg，则应考虑和计算空气冲击波对人和建筑物的危害。销毁时，一般用电力起爆法起爆。

第三节 爆破事故及其预防

一、爆破事故分类

（1）早爆事故。主要包括明火引起的爆炸事故、火炮事故、电炮事故、运输事故，高温环境造成的早爆事故，打残眼事故，销毁爆破器材违章事故，误操作引起的早爆、石头砸响引起的早爆和化学反应引起的早爆等事故。

（2）拒爆事故。主要包括炸药质次或过期变质拒爆、电爆网路拒爆、导爆索网路拒爆、非电导爆管网路拒爆、导火索起爆的拒爆、装药堵塞作业造成的拒爆等。

（3）其他事故。主要包括警戒疏漏事故、飞石事故、地震事故、空气冲击波事故、毒气事故等。

（4）爆破引发的次生事故。主要包括透水事故、瓦斯突出事故、塌方事故、粉尘爆炸事故、滑坡事故等。

二、爆破事故的预防

（一）精心设计

在设计之前必须做到情况明确，不但要通过查阅原始地形、地质资料，建筑物设计与竣工资料，爆破对象的全貌，而且要深入现场仔细勘查，勘查内容包括：

（1）对石方工程，应对地形、地质资料进行现场核实、补充，使之满足爆破安全规程规定的深度要求。

（2）对拆除爆破工程，必须搞清拆除物材质及结构特点，认真研究荷载分布及受力情况。

（3）就周围环境而言，要了解气象、杂散电流、射频电、高温场所及要求保护的文物、建（构）筑物、设施和人畜有关情况。

设计之始，一般需要根据被保护物的情况，确定最大允许药量，然后合理选取爆破参数，选择合理的延发时间，进行布药，做出切实可行的爆破方案。

在做设计方案的过程中，要预估出现意外事故的可能性，对飞石、爆炸气体和粉尘的危害范围、冲击波、地震效应作出计算；对爆破可能引起的火灾、水灾、断电、交通阻塞、滑坡、塌方会造成什么样的结果应当心中有数；对药包拒爆，建筑物炸不倒或倒向失控的处理办法，应做到有备无患。对设计文件严肃审核把关，是避免因设计错误造成工程事故的关键程序。

（二）精心施工

针对爆破工程特点，精心施工应包括以下几方面：

（1）设计人员参加施工并针对施工中出现的新情况及时调整、修改设计。

（2）各级人员持证上岗，组成严格的管理体制。

（3）根据工程特点，分别制定各种安全制度、岗位责任、关键技术操作细则。

（4）做好对药室、炮孔的检查验收工作，包括位置、体积、积水、最小抵抗线方向和大小、间排距，有条件的应做好地质素描或岩性记录。

（5）按规程要求做好爆破器材检验，包括炸药、雷管、连接器材（导火索、导爆索、导爆管、电线）、起爆器等。

（6）确保装药、堵塞、连线三个关键工序的施工质量。硐室爆破要作出施工分解图，大型爆破实行分片包干，层层监督以明确责任，确保质量。

（7）做好防护工作。

（8）确定警戒范围，做好清退工作，严格岗哨制度。

（9）做好爆后安全检查和处理。安检内容包括：拒爆和半爆、爆破效果、事故隐患及已发生各类事故的处理。

（三）加强安全管理

（1）按规程要求报管理部门审批、备案。对大型工程、重要工程应组织专家论证会进行安全评估。

（2）对每一个单独的爆破工程项目，都要有一个健全、严格的指挥管理组织。

（3）做好对爆破器材的运、存、用各项管理工作。

（4）建立质量保证体系，制订质量保证大纲和各工作质保程序。

（5）领导机关把爆破安全列为最重要管理内容，及时总结经验教训，进行检查评比，提高安全管理水平。

第八讲　地下矿山火灾预防

[本讲要点]　矿山火灾的分类与性质；外因火灾的发生原因；外因火灾的预防；外因火灾的扑灭；矿岩自燃的一般机理；矿岩氧化自燃的主要影响因素；矿岩自燃倾向性；内因火灾发火前的征兆；内因火灾的预防方法；内因火灾的扑灭方法

第一节　概　述

一、矿山火灾的分类与性质

矿山火灾，是指矿山企业内所发生的火灾。根据火灾发生的地点不同，可分为地面火灾和井下火灾两种。凡是发生在矿井工业场地的厂房、仓库、井架、露天矿场、矿仓、储矿堆等处的火灾，称为地面火灾；凡是发生在井下硐室、巷道、井筒、采场、井底车场以及采空区等地点的火灾，称为井下火灾。地面火灾的火焰或由它所产生的火灾气体、烟雾随同风流进入井下，威胁矿井生产和工人安全的，也称为井下火灾。

井下火灾与地面火灾不同，井下空间有限，供氧量不足。假如火源不靠近通风风流，则火灾只是在有限的空气流中缓慢地燃烧，没有地面火灾那么大的火焰，但却会生成大量有毒有害气体（由于井下空间小，即使产生有毒有害气体不多，也有可能达到危害生命的浓度），这是井下火灾易于造成重大事故的一个重要原因。另外，发生在采空区或矿柱内的自燃火灾，是在特定条件下由矿岩氧化自热转为自燃的。

根据火灾发生的原因，可分外因火灾和内因火灾两种。

(1) 外因火灾，也称外源火灾，是由外部各种原因引起的火灾。

例如：明火（包括火柴点火、吸烟、电焊、气焊、明火灯等）引燃的火灾；油料（包括润滑油、变压器油、液压设备用油、柴油设备用油、维修设备用油等）在运输、保管和使用时引起的火灾；炸药在运输、加工和使用过程中引起的火灾；机械作用（包括摩擦、震动冲击等）引起的火灾；电气设备（包括动力线、照明线、变压器、电动设备等）的绝缘损坏和性能不良引起的火灾。

（2）内因火灾，也称自燃火灾，是由矿岩本身的物理和化学反应热所引起的火灾。内因火灾的形成除矿岩本身有氧化自热特点外，还必须有聚热条件。当热量得到积聚时，必然会产生升温现象，温度的升高又导致矿岩的加速氧化，由此发生恶性循环，当温度达到该种物质的发火点时，则导致自燃火灾的发生。

内因火灾的初期阶段通常只是缓慢地增高井下空气温度和湿度，而空气的化学成分发生的变化很小，一般不易被人们所发现，也很难找到火源中心的准确位置，因此，扑灭此类火灾比较困难。内因火灾燃烧的延续时间比较长，往往给井下生产和工人的生命安全造成潜在威胁，所以防止井下内因火灾的发生与及时发现和控制灾情的发展有着十分重要的意义。

二、国内外矿山火灾概况

外因火灾在任何矿山都有可能发生，而内因火灾只能在具有自燃倾向性矿床的矿山发生，而且是有一定条件的，发火原因十分复杂。根据我国已开采的矿山统计，发生内因火灾的矿山，硫铁矿约有20%～30%，有色金属矿或多金属硫化矿约有5%～10%，比如我国原大厂铜坑锡矿、新桥硫铁矿、武山铜矿、永福硫铁矿、临桂硫铁矿等都发生过内因火灾。

根据国内外自燃火灾现象观测，自燃火灾大多数发生在距地表100m左右的半氧化带或次生硫化富集带、断层破碎带或矿体与围岩的接触破碎带。主要的氧化自热物质有黄铁矿（胶状黄铁矿更甚）、白铁矿、磁黄铁矿等。

矿山火灾是采矿生产中的一大灾害，它不但会破坏采矿工作的正常进展，恶化井下作业条件和污染地面大气，而且会使可采矿量降低和生产成本提高，还可能造成严重的人员伤亡事故。火灾发生以后所产生的一种热风压，通常称之为火风压，可以使通过矿井的总风量增加或减少，还可以使一些风流反向流动，打乱通风系统。火灾气体除了对人体造成危害外，还会腐蚀井下的生产设备。

根据经验，金属矿山的自燃火灾是很难一次性扑灭的，即使扑灭了，遇条件适合又可能复燃，还会有新的火源产生。因此，凡是有自燃火灾的矿床，防灭火工作就会是长期的，几乎要持续到矿体采完为止，所支付的直接防灭火费用也是十分惊人的。例如20世纪50年代原苏联的乌拉尔矿区预防性注浆所支付的费用使每吨矿石的采矿成本增加（根据注浆钻孔的深度不同而不同），约占采矿直接成本的42%～45%。我国的一些火灾矿山每年支付的防灭火费用都在采矿成本的10%左右，其间接损失更大，所造成的人员伤亡事故给国家和人民带来的损失也是巨大的。此外，对采场高温矿石的烧结悬顶和硫化矿粉尘爆炸所引起的高温气浪，也应引起人们的高度重视。

金属矿山的外因火灾往往被人们忽视，其实外因火灾所造成的人身伤亡事故远比内因火灾严重，经济损失也是十分惊人的。矿山火灾给人类带来的损失是灾难性的，教训极为深刻，应引起采矿界的高度重视。

第二节　外因火灾的发生原因、预防与扑灭

一、外因火灾的发生原因

在我国非煤矿山中，矿山外因火灾绝大部分是因为木支架等可燃物与明火接触，电气线路、照明和电气设备的使用和管理不善，在井下违章进行焊接作业、使用火焰灯、吸烟、无意或有意点火等外部原因所引起的。随着矿山机械化、自动化程度的提高，因电气原因所引起的火灾比例会不断增加，这就要求在设计和使用机电设备时，应严格遵守电气防火条例，防止因短路、过负荷、接触不良等原因引起火灾。矿山地面火灾则主要是由于违章作业，粗心大意所致。如上所述，火灾的危害是严重的，地面火灾可能损失大量物

资并影响生产。

井下火灾比地面火灾危害更大，井下工人不但在火源附近直接受到火焰的威胁，而且距火源较远的地点，由于火焰随风流扩散带有大量有毒有害和窒息性气体，同样会使工人的生命安全受到严重威胁，往往酿成重大或特大伤亡事故。近年来，由于井下着火引起炸药燃烧、爆炸的事故也时有发生，造成严重的人员伤亡和财产损失。

各种原因所引起的外因火灾主要有以下几类。

（一）明火引起的火灾与爆炸

在井下吸烟、无意或有意点火所引起的火灾占有相当大的比例。非煤矿山井下，一般不禁止吸烟，未熄灭的烟头随意乱扔，遇到可燃物是很危险的。如果被引燃的可燃物是容易着火的，又有外在风流，就很可能酿成火灾。冬季的北方矿山在井下点燃木材取暖，会使风流污染，有时也会造成局部火灾。一个木支架燃烧，它所产生的一氧化碳就足够在一段很长的巷道中引起中毒或死亡事故。

（二）爆破作业引起的火灾

爆破作业中发生的炸药燃烧及爆破原因引起的硫化矿尘燃烧、木材燃烧，爆破后因通风不良造成可燃性气体聚集而发生燃烧、爆炸都属爆破作业引起的火灾。近年来，这类燃烧事故时有发生，造成人员伤亡和财产损失。其直接原因可以归纳为：

（1）在常规的炮孔爆破时，引燃硫化矿尘；

（2）某些采矿方法（如崩落法）采场爆破产生的高温引燃采空区的木材；

（3）大爆破时，高温引燃黄铁矿粉末、黄铁矿矿尘及木材等可燃物；

（4）爆破产生的碳氢化合物等可燃性气体聚到一定浓度，遇摩擦、冲击或明火，便会发生燃烧甚至爆炸。

必须指出：炸药燃烧不同于一般物质的燃烧，它本身含有足够的氧，无须空气助燃，燃烧时没有明显的火焰，而是产生大量有毒有害气体。燃烧初期，生成大量氮氧化物，表面呈棕色，中心呈白色。氮氧化物的毒性比 CO 更为剧烈，严重者可引起肺水肿造成死亡，所以在处理炮烟中毒患者时，要分辨清楚是哪种气体中毒。在井下空间有限的条件下，炸药燃烧时生产的大量气体，因膨胀、摩擦、冲击等原因还会产生巨大的响声。

（三）焊接作业引起的火灾

在矿山地面、井口或井下进行气焊、切割及电焊作业时，如果没有采取可靠的防火措施，由焊接、切割产生的火花及金属熔融体遇到木材、棉纱或其他可燃物，便可能造成火灾。特别是在比较干燥的木支架进风井筒进行提升设备的检修作业或其他动火作业，因切割、焊接产生火花及金属熔融体未能全部收集而落入井筒，又没有用水将其熄灭，便很容易引燃木支架或其他可燃物，若扑灭不及时，往往酿成重大火灾事故。

据测定，焊接、切割时飞散的火花及金属熔融体碎粒的温度高达1500～2000℃，其水平飞散距离可达10m，在井筒中下落的距离则可大于10m。由此可见，这是一种十分危险的引火源。

（四）电气原因引起的火灾

电气线路、照明灯具、电气设备的短路及过负荷，均容易引起火灾。电火花、电弧及高温赤热导体接触电气设备、电缆等的绝缘材料极易着火。有的矿山用灯泡烘烤爆破材料或用电炉、大功率灯泡取暖、防潮，引燃了炸药或木材，往往造成严重的火灾、中毒、爆炸事故。

用电发生过负荷时，导体发热容易使绝缘材料烤干、烧焦，并失去其绝缘性能，使线路发生短路，遇有可燃物时，极易造成火灾。带电设备元件的切断、通电导体的断开及短路现象的发生都会形成电火花及明火电弧，瞬间达到1500～2000℃以上的高温而引燃其他物质。井下电气线路特别是临时线路接触不良、接触电阻过高是造成局部过热引起火灾的常见原因。

白炽灯泡的表面温度：40W以下的为70～90℃，60～500W的为80～110℃，1000W以上的为100～130℃，当白炽灯泡打破而灯丝未断时，钨丝最高温度可达2500℃左右，这些都能构成引火源，引起火灾发生。随着矿山机械化、自动化程度不断提高，电器设备、照明和电器线路更趋复杂。电器保护装置选择、使用、维护不当，电器线路敷设混乱，往往是引起火灾的重要原因。

2004 年 11 月 20 日上午 10 点 30 分左右，河北省沙河市白塔镇李生文联办矿等 5 个铁矿发生井下特大火灾事故，死亡 70 人。事故是由电缆内燃引起坑木着火所致。由于该矿与周围 4 个铁矿（岭南铁矿、白塔镇二铁矿、綦村供销社铁矿、金鼎矿业有限公司西郝庄铁矿）井下巷道相通，5 个铁矿的井下因烟气太大，致使矿工被困井下。木头在矿井中不完全燃烧产生大量一氧化碳，最终一氧化碳成为矿难众多死难者的“杀手”。

二、外因火灾的预防

（一）地面火灾

对于矿山地面火灾，应遵照中华人民共和国公安部关于火灾、重大火灾和特大火灾的规定进行统计报告。应遵守《中华人民共和国消防条例》和当地消防机关的要求，对于各类建筑物、油库、材料场和炸药库、仓库等建立防火制度，完善防火措施，配备足够的消防器材。各厂房和建筑物之间，要建立消防通道。消防通道上不得堆积各种物料，以利于消防车辆通行。矿山地面必须结合生活供水管道设计地面消防水管系统，井下则结合作业供水管道设计消防水管系统。水池的容积和管道的规格应考虑两者的用水量。

（二）井下火灾

井下火灾的预防要由安全部门组织实施。其一般要求是：

（1）对于进风井筒、井架和井口建筑物、进风平巷，应采用不燃性材料建筑。

（2）对于已有的木支架进风井筒、平巷要求逐步更换。

（3）用木支架支护的竖、斜井井架，井房、主要运输巷道、井底车场和硐室要设置消防水管。

（4）如果用生产供水管兼作消防水管，必须每隔 50 ~ 100m 安设支管和供水接头。

（5）井口木料厂、有自然发火的废石堆（或矿石堆）、炉渣场，应布置在距离进风口主要风向的下风侧 80m 以外的地点并采取必要的防火措施。

(6) 主要通风机房和压入式辅助通风机房、风硐及空气预热风道、井下电机车库、井下机修及电机硐室、变压器硐室、变电所、油库等，都必须用不燃性材料建筑，硐室中有醒目的防火标志和防火注意事项，并配备相应的灭火器材。

(7) 井下应配备一定数量的自救器，集中存放在合适的场所，并应定期检查或更换，在危险区附近作业的人员必须随身携带以便应急。

(8) 井下各种油类，应分别存放在专用的硐室中，装油的铁桶应有严密的封盖，储存动力用油的硐室应有独立的风流并将污风汇入排风巷道，储油量一般不超过三昼夜的用量。

(9) 井下柴油设备或液压设备严禁漏油，出现漏油时要及时修理，每台柴油设备上应配备灭火装置。

(10) 设置防火门。为防止地面火灾波及井下，井口和平硐口可设置防火金属井盖或铁门。各水平进风巷道，距井筒 50m 处应设置不燃性材料构筑的双重防火门，两道门间距离 5 ~ 10m。

(三) 预防明火引起火灾的措施

预防明火引起火灾的措施主要有:

(1) 为防止在井口发生火灾和污浊风流，禁止用明火或火炉直接接触的方法加热井内空气，也不准用明火烤热井口冻结的管道。

(2) 井下使用过的废油、棉纱、布头、油毡、蜡纸等易燃物应放入盖严的铁桶内，并及时运至地面集中处理。

(3) 在大爆破作业过程中，要加强对吸烟和明火等火源和热源的管制，防止明火与炸药及其包装材料接触引起燃烧、爆炸。

(4) 不得在井下点燃蜡纸作照明，更不准在井下用木材生火取暖，特别对有民工采矿的矿山，更要加强明火的管理。

(四) 预防焊接作业引起火灾的措施

(1) 在井口建筑物内或井下从事焊接或切割作业时，要严格按照安全规程执行和报总工程师批准，并制定出相应的防火措施。

(2) 必须在井筒内进行焊接作业时，须派专人监护防火工作，焊接完毕后，应严格检查和清理现场。

(3) 在木材支护的井筒内进行焊接作业时，必须在作业部位的下面设置接收火星、铁渣的设施，并派专人喷水淋湿，及时扑灭火星。

（4）在井口或井筒内进行焊接作业时，应停止井筒中的其他作业，必要时设置信号与井口联系以确保安全。

（五）预防爆破作业引起的火灾

（1）对于有硫化矿尘燃烧、爆炸危险的矿山，应限制一次装药量，并填塞好炮泥，以防止矿石过分破碎和爆破时喷出明火。在爆破过程中和爆破后应采取喷雾洒水等降尘措施。

（2）对于一般金属矿山，要按《金属非金属矿山安全规程》要求，严格对炸药库照明和防潮设施的检查，应防止工作面照明线路短路和产生电火花而引燃炸药，造成火灾。

（3）无论是露天台阶爆破或井下爆破作业，均不得使用在黄铁矿中钻孔时所产生的粉末作为填塞炮孔的材料。

（4）大爆破作业时，应认真检查运药路线，以防止电气短路、顶板冒落、明火等原因引燃炸药，造成火灾、中毒、爆炸事故。

（5）爆破后要进行有效的通风，防止可燃性气体局部积聚，达到燃烧或爆炸限，引起烧伤或爆炸事故。

（六）预防电气方面引起的火灾

（1）井下禁止使用电热器和灯泡取暖、防潮和烤物，以防止热量积聚而引燃可燃物造成火灾。

（2）正确地选择、装配和使用电气设备及电缆，以防止发生短路和过负荷。注意防止电路中接触不良、电阻增加发生热现象，正确进行线路连接、插头连接、电缆连接、灯头连接等。

（3）井下输电线路和直流回馈线路，通过木质井框、井架和易燃材料的场所时，必须采取有效地防止漏电或短路的措施。

（4）变压器、控制器等用油，在倒入前必须很好干燥，清除杂质，并按有关规程与标准采样，进行理化性质试验，以防引起电气火灾。

（5）严禁将易燃易爆器材存放在电缆接头、铁道接头、临时照明线灯头接头或接地极附近，以免因电火花引起火灾。

（6）矿井每年应编制防火计划，该计划的内容包括防火措施、撤出人员和抢救遇难人员的路线、扑灭火灾的措施、调节风流的措施、各级人员的职责等。防火计划要根据采掘计划、通风系统和安全出口的变动及时修改。矿山应规定专门的火灾信号，当井下发生火灾时，能够迅速通知各工作地点的所有人员及时撤出灾险区。安装在井口及井下人员集中地点的信号，应声光兼备。当井下发生火灾时风流的调度，主要通风机继续运转或反风，应根据防火计划和具体情况，做出正确判断，由安全部门和总工程师决定。

（7）离城市 15km 以上的大、中型矿山，应成立专职消防队，小型矿山应有兼职消防队，自然发火矿山或有瓦斯的矿山应成立专业救护队。救护队必须配备一定数量的救护设备和器材，并定期进行训练和演习。对工人也应定期进行自救教育和自救互救训练。

三、外因火灾的扑灭

无论发生在矿山地面或井下的火灾，都应立即采取一切可能的方法直接扑灭，并同时报告消防、救护组织，以减少人员和财产的损失。对于井下外因火灾，要依照矿井防火计划，首先将人员撤离危险区，并组织人员，利用现场的一切工具和器材及时灭火。要有防止风流自然反向和有毒有害气体蔓延的措施。扑灭井下火灾的方法主要有直接灭火法、隔绝灭火法和联合灭火法。

直接灭火法是用水、化学灭火器、惰性气体、泡沫剂、砂子或岩粉等，直接在燃烧区域及其附近灭火，以便在火灾初起时迅速地将其扑灭。

水被广泛地应用于扑灭外因火灾，它能够降低燃烧物表面温度，特别是水分蒸发为蒸汽时冷却作用更大，水又是扑灭硝铵类炸药燃烧最有效的方法。1L 常温（25℃）的水升高到 100℃，可以吸 314kJ 热量，而 1L 水转化为蒸汽时能吸收 2635. 5kJ 的热量，并能够生成 1700L 蒸汽，将燃烧物表面和空气中的氧隔离，足见水的冷却作用和灭火效果是很好的。为了有效地灭火，要用大量高压水流，由燃烧物周围向中心冷却。雾状水在火区内能很快变成蒸汽，使燃烧物与氧气隔离，效果更好。在矿山，可以利用消防水管、橡胶水管、喷雾器和水枪等进行灭火。

化学灭火器包括酸碱溶液泡沫灭火器、固体干粉灭火器、溴氟甲烷灭火器和二氧化碳气体灭火器。酸碱溶液泡沫灭火器是一种常见的灭火器，由酸性溶液（硫酸、硫酸铝）和碱性溶液（碳酸氢钠）在灭火器中相互作用，形成许多液体薄膜小气泡，气泡中充满二氧化碳气体，能降低燃烧物表面温度，隔绝氧气，有助于灭火，泡沫与水密度比为1:7，体积为溶液的7倍，适用于扑灭固体、可燃液体的火灾，喷射距离8～10m，喷射持续时间1.5min。

干粉灭火器是用二氧化碳气体的压力将干粉物质（磷酸铵粉末）喷出，二氧化碳被压缩成液体保存于灭火器中，适用于电气火灾。

灭火用的二氧化碳可以用气状的，也可以用雪片状的。将液体状的二氧化碳装入灭火器的钢瓶中，在其压力作用下由喷射器喷出。这种灭火器不导电、毒性小、不损坏扑救对象，能渗透于难透入的空间，灭火效果较好，适用于易燃液体火灾。

用砂子或岩粉作灭火材料，来源广泛，使用简单。为阻止空气流入燃烧物附近并扑灭火灾，仅需要撒上一层介质覆盖于燃烧物表面即可。这种方法适用于电气火灾及易燃液体火灾初起阶段。

灭火手雷和灭火炮弹是一种小型的、简单的干粉式灭火工具，内装磷酸二氢铵和磷酸氢二铵，利用冲击、隔离和化学作用达到灭火目的。这种方法对于井下较小的初起火灾有一定效果。

必须指出，上述手持式灭火器及灭火工具，对于扑灭较小的初期火灾才有效，并且需要储备大量的灭火器。如果发生较大的初期火灾时，此类灭火器的作用就显得不足，在这种情况下，应使用高倍数机械空气泡沫灭火器或其他适用的器材。

高倍数泡沫灭火是利用起泡性能很强的泡沫液，在压力水作用下，通过喷嘴均匀喷洒到特制的发泡网上，借助于风流的吹动，使每个网孔连续不断形成气液集合的泡体，每个泡体都包裹着一定量的空气，使其原液体积成百或上千倍地膨胀——即通常所说的高倍数泡沫。常用的发泡剂有脂肪醇硫酸钠、烷基磺酸钠等。主要灭火原理是隔绝、降温、使火灾窒熄，并能阻止火区热对流、热辐射及火灾蔓延。可以在远离火区的安全地点进行扑救工作，扑灭大型明火火灾，灭火速度快，威力大，水渍损失小，灭火后恢复工作容易。

惰性气体灭火是利用惰性气体的窒熄性能，抑制可燃物质的燃烧、爆炸或阴燃，经验证明它是一种扑灭大型火灾的有效灭火方法。目前国内外生产惰气的方法主要有液氮和燃油除氧法两种。液氮成本较高，来源不广，大量使用有一定困难。燃油除氧产生惰气的方法成本低，燃料来源广，工艺简单，是一种有发展前途的灭火方法。其原理是以民用煤油为燃料，在自备风机供风条件下，通过启动点火，燃油喷嘴适量喷油，在特制的燃烧室内进行急剧的氧化反应，高温燃烧产物即惰气。供风中的 O_2 和燃料中的 C 发生氧化反应，主要生成 CO_2、CO 等，经水套烟道喷水冷却，便得到符合灭火要求的惰气。

第三节 内因火灾的发火原因及影响因素

一、矿岩自燃的一般机理

堆积的含硫矿物或碳质页岩，当其与空气接触时，会发生氧化而放出热量。若氧化生成的热量大于向周围散发的热量时，则该物质能自行增高其温度，这种现象就称为自热。

随着温度的升高，氧化加剧，同时放热能力也因而增高。如果这个关系能形成热平衡状态，则温度停止上升，自热现象中止，并且通常在若干时间后即开始冷却。但有时在一定外界条件下，局部的热量可以积聚，物质便不断加热，直到其着火温度，即引起自燃。

如果物质在氧化过程中所产生的热量低于周围介质所能散发的热量，则无升温自热现象。因此，物质的自热、自燃与否都是由下列三个基本因素决定的：

（1）该可燃物质的氧化特性；

（2）空气供给的条件；

（3）可燃物质在氧化或燃烧过程中与周围介质热交换的条件。

第一个因素是属于物质发生自燃的内在因素，仅取决于物质的物理化学性质，而后两个因素则是外在因素。

硫化矿在成矿过程中，由于温度和压力的不同，往往在同一矿床中有多种类型的矿物。由于成矿后长期的淋漓、风化等物理化学作用，同一矿物也会随之出现结构构造差异很大的情况。在同一矿床中，由于各种矿物内在性质的不同，因此进行硫化矿床自燃火灾原因的研究，必须首先对每一类型的矿石做深入细致的试验研究，从中找出有自燃倾向性的矿石。

矿体顶板岩层为含硫碳质页岩（特别是黄铁矿在碳质页岩中以星点状态存在）时，当顶板岩层被破坏后，黄铁矿和单质碳与空气接触也同样可以产生氧化自热到自燃的现象。

任何一种矿岩自燃的发生，即为矿岩的氧化过程，在此整个过程中，由于氧化程度的不同，必然呈现出不同的发展阶段，因此可把矿岩自燃的发生划分为氧化、自热和自燃三个阶段。这三个阶段可用矿岩的温升来表示和划分，根据矿岩从常温到自燃整个温升过程的激化程度，一般可定为：常温至100℃矿岩水分蒸发界限为低温氧化阶段，100℃至矿岩着火温度为高温氧化阶段，矿岩着火温度以上为燃烧阶段。

任何一种矿岩的自燃必须经过上述温升的三个阶段，因而矿岩是否属于自燃矿岩，必须根据温升的三个阶段来确定。

必须指出，由于矿岩氧化是随着温度的升高而加剧的，因此，如何设法控制矿岩温度升高是防止矿岩自燃的关键。但要做到这一点，难度也是很大的。

二、地质条件与内因火灾的关系

在大气和地下水的长期作用下，一般硫化矿床都具有垂直成带性，即自上而下呈氧化带、次生富集带和原生带。其主要化学变化包括氧化、溶解及富集，金属矿物就地变成氧化物等。其中黄铁矿起着重要作用，其他金属硫化物亦参与反应，生成各种硫酸盐。

以铜陵原铜官山矿松树山区为例，矿物次生富集带又可分为三个亚带，即次生氧化富集亚带、半氧化矿石亚带、次生硫化富集亚带。由于经受长期氧化，后两个亚带的矿石氧化活性很强，在被开采揭露后，随着大量空气进入，氧化过程立刻加速进行，在适当条件下就可能发生自燃。

地质断层、褶皱和接触破碎带与内因火灾也有密切的关系。在断层、褶皱破碎带和矿岩接触破碎带中往往出现硫化物的富集，同时由于地下水和少量空气存在，硫铁矿经历了漫长的氧化过程，生成大量硫酸和硫酸盐。当得到氧化所需足够的氧气时，氧化速度极快，因而容易引起内因火灾。

三、矿物组分与内因火灾的关系

硫化矿床中含有多种矿物成分，与内因火灾有关的矿物组分有：原生黄铁矿、胶状黄铁矿、磁黄铁矿、白铁矿、单铁硫。另外，在多金属硫化矿床中除铁外通常伴有铜、铅、砷、锌等硫化矿物，这些矿物在硫化矿石的自燃中都起一定作用，而碳酸盐类矿物则起抑制作用。

四、开采条件与内因火灾的关系

在开采有自燃危险的硫化矿床时，开采方法对硫化自燃的影响主要表现在：开采中留于采空区内矿石和木材的数量，开采后矿岩冒落、破裂和错动的情况以及对采空区隔离的严密程度。

采空区内留有大量的碎矿石和木材时，将增加火灾危险性。特别是井下存在有酸性水时，木材将由于水解作用而降低着火温度，同时在水解过程中放出热量，因而加快了矿石的氧化。但是，硫化矿井内自然发火的大小不仅取决于遗留在采空区内的矿石与木材的数量多少，而且在很大程度上取决于他们的分布情况。如果在采空区内某处集中地遗留了矿石和木材，而且它们又紧密地掺合在一起时，那么这种情况是很危险的，对发生自燃有一定的影响。矿岩塌陷和冒落能使矿石和支架破坏，促进氧化过程的加速。当采空区冒通地表后，改善了遗留在采空区内矿岩的供氧条件，对矿岩自燃有很重要的影响。因此，采空区密闭的严密程度对自燃有着直接关系，通过密闭墙的漏风将加剧硫化矿石和木材的氧化过程。

因此，正确的采矿方法应该是：回采速度快，硫化矿石和木材的损失最少，不使采空区发生剧烈的冒落和错动以及能较好地密闭采空区。如果是采区上部的碳质页岩自燃，则采取以不崩落上部岩石的采矿方法为好。

五、矿岩氧化自燃的主要影响因素

（一）矿岩物理化学性质

矿岩的物理化学性质对矿岩的自燃有着重要作用，主要影响因素有：

（1）矿岩的物质组成和硫的存在形式；

（2）矿岩的脆性和破碎程度；

（3）矿岩的水分；

（4）pH 值以及不同的化学电位。

矿岩中的惰性物质（尤其是碳酸盐类矿物）对矿岩的自燃起抑制作用。

矿岩的物质组成和硫的存在形式是决定矿岩自燃倾向的重要因素。含硫量的多少不能作为衡量自燃火灾能否发生的判据，它只是与火灾规模有关系。因为各种矿岩的放热能力是随着矿岩中含硫量的增加而增长的。

矿岩的破碎程度对矿岩的氧化性有影响。松脆的和破碎程度大的矿岩，由于氧化表面积增大而会加快其氧化速度，并且矿岩的破碎也降低了它的着火温度，所以变得更容易自燃。

水分和 pH 值对矿岩的氧化性有显著的影响。一般说湿矿岩的氧化速度要比干矿岩快，pH 值低的矿岩更易氧化。

矿岩中常含有多种带有不同化学电位的物质，当矿岩在有水分参与反应的氧化过程中，各物质成分间因电位的不同将产生电流而加速氧化作用。

（二）矿床赋存条件

硫化矿床自燃与矿体厚度、倾角等有关系。矿体的厚度愈厚与倾角愈大，则火灾的危险性也愈大。因为急倾斜的矿体遗留在采空区内的木材和碎矿石易于集中，矿柱易受压破坏，且采空区较难严密隔离。

（三）供氧条件

供养条件是矿岩氧化自燃的决定因素。在开采的条件下，为保证人员呼吸并将有害气体、粉尘等稀释到安全规程规定的允许浓度以下，需要向井下送入大量新鲜空气，这些新鲜空气能使矿岩进行充分的氧化反应。但大量供给空气又能将矿石氧化所产生的热量带走，破坏聚热条件。

（四）水的影响

水能促进黄铁矿的氧化，是一种供氧剂。但过量的水能带走热量，并且水汽化时要吸收大量热，同时生成的 $Fe(OH)_3$ 是一种胶状物，会使矿石产生胶结，故水又是一种抑制剂。

（五）同时参与反应的矿量的影响

参与反应的矿石和粉矿越多，自燃的危险性越大。反之则危险性减小。此外，温度对自燃的影响是一个很重要的因素。因为矿岩的氧化自热是随着温度的升高而加快的。

第四节 矿岩自燃倾向性

矿岩的自燃倾向性是指矿岩中所有物质的综合自燃倾向特性，而不是单一矿物的自燃倾向特性。矿岩中与自燃倾向性有关的主要特性是矿岩的物质组成、各组分的结构特征、氧化速度、着火温度、热特性等。

测定矿岩自燃倾向特性的目的是评价矿岩自然发火的危险程度，为有效地开采矿床提供依据。测定程序包括现场调查、取样、试样加工、测试、现场详细调查、补充取样及综合分析评价等内容。

在判别某一矿床的矿岩自然发火的危险程度及发火位置时，现场调查具有特殊的意义。这不仅是为室内试验提供取样依据，而且是综合分析发火原因的重要依据。现场调查的主要内容包括：矿床成因；地质构造；物质组成及矿岩分布规律；矿体和围岩赋存特点；铁的硫化矿物的氧化程度；矿体开采史；采矿方法及回采工艺；水文地质；矿井通风等。

(1) 矿床成因。在沉积矿岩中，当含有与矿岩共生的黄铁矿时，其形态多属于极细粒的无定形黄铁矿，易于氧化。当与碳质页岩共生时，易于形成自燃火灾。在热液原生矿床中，黄铁矿常呈一定的结晶形态产出，氧化速度慢。当这类矿床出露地表或离地表很近时，硫铁矿会发生氧化，在矿床中自上而下形成氧化带和次生富集带。在次生富集带内硫铁矿被氧化成无定形的胶状黄铁矿并含有大量的氧化产物，易于氧化和自燃。磁黄铁矿型矿床在合适的外部条件下也较易自燃。

（2）地质构造特征。在硫化矿床中，地质构造，特别是断层破碎带与自燃火灾有着密切的关系。原湘潭锰矿内因火灾的25%是发生在断层处；凡口铅锌矿唯一的一次矿石明显自燃现象也发生在断层处。内因火灾还与地质构造中的矿岩接触带及接触破碎带有关。在接触带中往往出现硫化物富集，并由于地下水的作用，磁铁矿经历了很长时间的氧化过程，易于形成自燃火灾（如大厂铜坑锡矿细脉带）。因此，在现场调查中应仔细将地质构造的特征、分布状况绘制在地质平面图上。

（3）物质组成及其分布规律。在钙、镁等碳酸盐类的灰岩含矿带中，硫铁矿的氧化受到钙镁盐类的抑制。黄铁矿的氧化导致周围形成石膏的包裹，使黄铁矿的氧化受到抑制。在现场调查中，需要查明不同类型的含矿带，然后分析各含矿带中的物质组成，以判断引起或抑制自燃火灾的主要物质，确立火灾的可能范围及发展趋势。

（4）矿体和围岩的赋存特点。矿体和围岩的赋存特点的调查包括矿体厚度、倾角、埋藏深度、稳固性、围岩矿化程度及含水量等。矿体厚度和倾角大，而且直接顶板为碳质页岩，稳定性差的硫化矿床，一般具有自然发火的特性。

（5）硫铁矿的氧化程度。硫铁矿的氧化程度，是判别矿体在开采过程中是否会出现自燃火灾的重要因素之一。判别硫铁矿是否经过氧化过程的指标是透过矿体裂隙水的pH值以及水中可溶性Fe^{2+}、Fe^{3+}含量。如水呈酸性（$pH<4$）并含有可溶性Fe^{2+}、Fe^{3+}时，或在巷道壁、裂隙、钻孔口等有硫酸盐结晶如绿矾等，则表明硫铁矿在开采前已经历了氧化过程。开采此类矿体时，有自然发火的可能性。

（6）矿体开采史。靠近地表的矿体常经古人开采，遗留大量残矿和坑木，经长期氧化后，黄铁矿易于氧化，坑木燃点降低到200℃以下，易于引起自燃。调查内容包括：开采年代或起始时间、深度、采矿方法、残留矿石量、堆积状况、分布范围等，并测定遗留坑木的燃点，鉴别黄铁矿的氧化程度。

（7）采矿方法及回采工艺。在查明正在开采的矿山的内因火灾原因时，需要调查采矿方法、回采工艺及有关回采的技术经济指标。崩落采矿法、留矿法不易消除矿岩自燃所需的供氧量，并留有大量可燃物质。用这类采矿方法开采有自燃倾向的矿床时，往往易于出现自燃火灾。各种充填采矿法对防止自燃火灾或采取防灭火措施时有利。但如果充填质量差而引起充填料沉降率大时，则其对防止自燃特别是顶板岩石的自燃火灾的作用受到限制。各种采矿方法中的一次崩矿量、出矿周期、矿石损失率等对自燃火灾有着重大的影响，上述内容在现场调查中均应一一列出。

（8）矿井通风。矿井通风方式、风井位置、负压分布及漏风大小等，与自燃火灾有密切关系，调查时需作详细记录。对主要作业点的风质（O_2、CO、CO_2、SO_2 浓度）需取样分析，作出标定。但在自燃火灾初期，矿井采场中 CO、CO_2、SO_2 浓度气体很难检测得出来。

（9）水文地质与水质。水作为一种氧化剂对硫化矿物的氧化有着重要的作用。在矿体未揭露之前，硫化矿物的氧化主要是由于地下水和水中带有氧元素起作用的结果。其氧化产物是铁的盐类，并使水呈酸性。因此，欲确定硫化矿物是否经历氧化过程及其位置，调查时应测定地表水潜流途径，浸蚀深度，坑内水中可溶性 Fe^{2+}、Fe^{3+} 含量及水的 pH 值。

（10）矿岩温度。主要作业点和不同岩层、矿体的温度（包括空气和矿岩温度）需作测定。崩落的矿堆里，温度是判定其自热和自燃程度的最可靠指标。

第五节　内因火灾的预防与扑灭

一、内因火灾发火前的征兆

尽早而又准确地识别矿井内因火灾的初期征兆，对于防止火灾的发生和及时扑灭火灾都具有极其重要的意义。井下初期内因火灾可以从以下几方面进行识别。

（一）火灾孕育期的外部征兆

火灾孕育期的外部征兆是指人的感觉器官能直接感受到的征兆，属于此类的有：

（1）崩落的硫化矿石堆表面温度高于环境温度，特别是当矿石堆内部的温度持续升高超过环境温度20℃以上时，矿石堆就会很快出现冒烟和自燃。

（2）在硫化矿井中，当硫化矿物氧化时会出现二氧化硫强烈的刺激性臭味，这种臭味是矿内火灾将要发生的较可靠的征兆。

（3）人体器官对于不正常的大气会有不舒服的感觉，如头痛、闷热、裸露皮肤微疼、精神感到过度兴奋或疲乏等，但这种感觉不能看做是火灾孕育期的可靠征兆。

（4）井下温度增高。

上述火灾外部征兆的出现已是矿物或岩石在氧化自热过程相当发达的阶段，因此，为了鉴别自燃火灾的最早阶段，尚需利用适当的仪器进行测定分析。

（二）矿内空气成分

在金属矿井中，除了一氧化碳外，当矿内大气中经常性地出现二氧化硫且浓度逐渐增高时，可作为鉴别火灾发生的必然征兆。但是二氧化硫易溶解于水，硫化矿在氧化自热的初期阶段它在空气中的含量微小，不易为人们的嗅觉所觉察，即使依靠气体分析法也较难鉴别出来。应当注意，在很多情况下偶然遇到的孤立现象并不能作为判断火灾有无的可靠征兆，唯有在矿井巷道的空气中 CO、CO_2、SO_2 及 H_2S 等气体的浓度稳定地上升且该区内温度出现逐渐地增高等现象时，才能够被认为是内因火灾较可靠的初期征兆。

（三）矿内空气和矿岩温度

为了准确掌握自燃发展的动态与火源位置，最好将气体分析法与测温法结合起来同时进行。空气与水的温度可用普通温度计或留点温度计测定。而测定矿体和围岩的温度时，亦可用留点温度计或将热电偶置于待测的钻孔内，并将钻孔口用木栓塞住。测定采空区矿岩的自热发展过程，可用远距离电阻温度计或热电偶测温法测定其中的温度变化。测定地面钻孔内的岩石温度时，可用热电偶或温度传感器测定。将同一水平面或同一垂直面所测得的各测点温度标在相应测区的水平或垂直截面图中，然后把温度相同的测点连接起来，便成为地层等温线图。根据测得的等温线图的变化，即能掌握自燃发展的动态并能大致找出火源中心位置。值得一提的是，应用近年新开发的热成像仪，对测定矿堆表面的温度场非常方便。

（四）矿井水的成分

在硫化矿井中，从自热地区流出的水，其成分与非自热区流出的水是不同的。因此，可以根据对水的分析来判断火源的存在。通常分析矿井水要测定下列内容：

（1）游离硫酸或硫酸根离子的含量；

（2）钙、镁、铁等离子的含量；

（3）水的 pH 值降低量；

（4）水温的逐渐增高值；

（5）井下水的酸性增加，铁和硫酸根等离子含量的增多情况。

pH 值逐渐降低和水温的增高，在一定条件下可以认为是硫化矿井中内因火灾的初期征兆。

必须注意到，各个矿井中水的成分是不相同的，为了能较准确地根据矿井水来判断火灾危险性程度，就必须在正常条件下预先查明地下水的正常成分，然后再系统地观测它的变化。在检查矿井水时应尽可能从活水中采集分析用的试样，在取样的同时须测定水的流量和温度。

另外，还可用电测法和磁测法判断内因火灾的初期征兆。电测一般用电位测量法测量由于正在进展中的火源的影响而发生在岩石中的电位。磁测法的原理就是利用地球磁场的磁性变化，由于火区的高温氧化使铁发生磁化作用，因而引起磁性变化，根据其变化大小进行判断。

二、内因火灾的预防方法

（一）预防内因火灾的管理原则

（1）有自然发火可能的矿山，地质部门向设计部门所提交的地质报告中必须要有“矿岩自燃倾向性判定”内容；

（2）贯彻以防为主的精神，在采矿设计中必须采取相应的防火措施；

（3）各矿山在编制采掘计划的同时，必须编制防灭火计划；

（4）自然发火矿山尽可能掌握各种矿岩的发火期，采取加快回采速度的强化开采措施，使每个采场或盘区争取在发火期前采完。

但是，由于发火机理复杂，影响因素多，实际上很难掌握矿岩的发火期。

（二）开采方法方面的防火措施

对开采方法方面的防火要求是：务必使矿岩在空间上和时间上尽可能少受空气氧化作用，以及万一出现自热区时易于将其封闭。主要措施有：

（1）采用脉外巷道进行开拓和采准，以便易于迅速隔离任何发火采区；

（2）制定合理的回采顺序。

矿石有自燃倾向时，必须考虑下述因素：

（1）矿石的损失量及其集中程度；

（2）遗留在采空区中的木材量及其分布情况；

（3）对采空区封闭的可能性及其封闭的严密性；

（4）提高回采强度，严格控制一次崩矿量。

其中，前两个因素和回采强度以及控制崩矿量尤为重要；在经济合理的前提下，尽量采用充填采矿法。此外，及时从采场清理粉矿堆，加强顶板和采空区的管理工作也是值得注意的。

（三）矿井通风方面的防火措施

实践表明，内因火灾的发生往往是在通风系统紊乱、漏风量大的矿井里较为严重。所以有自燃危险的矿井的通风必须符合下列主要要求：

（1）应采用通风机通风，不能采用自然通风，而且通风机风压的大小应保证使不稳定的自然风压不发生不利影响；

（2）应使用防腐风机和具有反风装置的主要通风机，并须经常检查和试验反风装置及井下风门对反风的适应性；

(3) 结合开拓方法和回采顺序，选择相应的合理的通风网路和通风方式，以减少漏风；

(4) 各工作采区尽可能采用独立风流的并联通风，以便降低矿井总风压，减少漏风量以及便于调节和控制风流；对于已经形成崩落区的矿山和矿岩有自燃倾向的矿井，采用压抽混合式通风方式较好；

(5) 加强通风系统和通风构筑物的检查和管理，注意降低有漏风地点的巷道风压；

(6) 严防向采空区漏风；

(7) 提高各种密闭设施的质量；

(8) 为了调节通风网路而安设风窗、风门、密闭和辅助通风机时，应将它们安装在地压较小、巷道周壁无裂缝的位置，同时还应密切注意有了这些通风设施以后，是否会使本来稳定且对防火有利的通风网路变为对通风不利；

(9) 采取措施，尽量降低进风风流的温度，其做法有：

1) 在总进风道中设置喷雾水幕；

2) 利用脉外巷道的吸热作用，降低进风风流的温度。

(四) 封闭采空区或局部充填隔离

本方法的实质是将可能发生自燃的地区封闭，隔绝空气进入，以防止氧化。对于矿柱的裂缝，一般用泥浆堵塞其入口和出口，而对采空区，除堵塞裂缝外，还在通达采空区的巷道口上建立密闭墙。井下密闭墙按其作用分为临时的和永久的两种。

此外，还有用井下片石、块石代替砖或用砂袋垒砌的加强式密闭墙等。

必须指出，用密闭墙封闭采空区以后，要经常进行检查和观测防火的状况、漏入风量、密闭区内的空气温度和空气成分。由于任何密闭墙都不能绝对严密，因而必须设法降低密闭区的进风侧和回风侧之间的风压差。当发现密闭区内仍有增温现象时，应向其内注入泥浆或其他灭火材料。

(五) 黄泥注浆

向可能发生和已经发生内因火灾的采空区注入泥浆是一个主要

的有效预防和扑灭内因火灾的方法。注浆后泥浆中的泥土沉降下来，填充注浆区的空隙，嵌入缝隙中并且包裹矿岩和木料碎块，水则过滤出来。这一方法的防火作用在于：

（1）隔断了矿岩、木料同空气的接触，防止氧化；

（2）加强了采空区密闭的严密性，减少漏风；

（3）如果矿岩已经自热或自燃，泥浆也起冷却作用，降低密闭区内的温度，阻止自燃过程的继续发展。

（六）阻化剂防灭火

阻化剂防灭火是采用一种或几种物质的溶液或乳浊液喷洒在矿柱、矿堆上或注入采空区等易于自燃或已经自燃的地点，降低硫化矿石的氧化能力，抑制氧化过程。这种方法对缺土、缺水矿区的防灭火有重要的现实意义。

阻化剂溶液的防灭火作用是：

（1）阻化剂吸附于硫化矿石的表面形成稳定的抗氧化的保护膜，降低硫化矿石的吸氧能力；

（2）溶液蒸发吸热降温，降低硫化矿石的氧化活性。

选作阻化剂的物质应无毒、价廉、易于制备、加少量于水中就能有效，常用的阻化剂有氯化钙、氯化镁、熟石灰（氢氧化钙）、卤粉、膨润土及水玻璃（硅酸钠）和磷酸盐等无机物，以及某些有机工业的废液，如碱性纸浆废液、炼镁废液、石油副产品的碱乳浊液等。

根据现场试验证明：当矿石温度大于60℃时，用2%的氯化钙溶液处理，技术经济效果较为理想；在局部明火区，则以浓度为5%的氯化钙溶液进行处理效果较好。

为了提高阻化剂溶液的阻化效果，可加入少量湿润剂。湿润剂最好选用其本身就有阻化作用的表面活性物质，如脂肪族氨基磺酸铵等。

本法与黄泥注浆相比，具有工艺系统简单、投资少、耗水量少等优点。但是某些阻化剂（$CaCl_2$、$MgCl_2$）溶液一旦失去水分，就不能起到阻止氧化的作用，且氯化物溶液对金属有一定的腐蚀作用。为了提高防火效果，有研究者研制出向采空区送入雾状阻化剂的方法，它是借助于漏风，从回采工作面向采空区送入阻化剂。其优点是能应用于各种矿山地质条件下和大面积的采空区内。

向采空区喷送雾状阻化剂之前，应进行采空区内的阻力测定，并测定其漏风量和漏风方向。为了减少喷射阻化剂对采空区空气动力状态的影响，汽雾发生器引射的风量不应大于自然漏风量。在汽雾移动过程中，阻化剂溶液散落到冒落的矿岩上，予以湿润，这样便降低了硫化矿石或碳质页岩的氧化能力并阻碍热量的积聚。

三、内因火灾的扑灭方法

扑灭矿内火灾的方法可分为四大类：直接灭火法；隔绝灭火法；联合灭火法；均压灭火法。

（一）直接灭火法

直接灭火法是指用灭火器材在火源附近进行灭火，是一种积极的方法。直接灭火法一般可以采用水或其他化学灭火剂、泡沫剂、惰性气体等，或是挖除火源。

用水灭火实质是利用水具有很大的热容量，可以带走大量的热量，使燃烧物的温度降到着火温度以下，所产生的大量水蒸气又能起到隔氧和降温的作用，以此能达到灭火的目的。由于使用水简单、经济，且矿内水源较充足，故被广泛使用。但应注意，对于范围较小的火灾才可以采用直接灭火法。用水灭火时必须注意：

（1）保证供给充足的灭火用水，同时还应使水及时排出，勿让高温水流到邻区而促进邻区的矿岩氧化；

（2）保证灭火区的正常通风，将火灾气体和蒸汽排到回风道去，同时还应随时检测火区附近的空气成分；

（3）火势较猛时，先将水流射往火源外围，再逐渐通向火源中心；

（4）当矿井发生硫化矿石自燃时，由于用水灭火可产生大量的硫酸雾，矿井抽风机必须是防腐的。

挖除火源是将燃烧物从火源地取出立即浇水冷却熄灭，这是消灭火灾最彻底的方法。但是这种方法只有在火灾刚刚开始尚未出现明火，或出现明火的范围较小，人员可以接近时才能使用。

（二）隔绝灭火法

隔绝灭火法是在通往火区的所有巷道内建筑密闭墙，并用黄土、灰浆等材料堵塞巷道壁上的裂缝，填平地面塌陷区的裂隙以阻止空气进入火源，从而使火因缺氧而慢慢冷却熄灭。绝对不透风的密闭墙是没有的，因此若单独使用隔绝法，则往往会拖延灭火时间，较难达到彻底灭火的目的。在不可能用直接灭火法或者没有联合灭火法所需的设备时，可使用密闭墙隔绝火区作为独立的灭火方法。

（三）联合灭火法

当井下发生火灾不能用直接灭火法消灭时，一般均采用联合灭火法。此方法就是先用密闭墙将火区密闭后，再向火区注入泥浆或其他灭火材料。注浆方法在我国使用较多，灭火效果很好。

（四）均压灭火法

均压灭火法的实质是设置调压装置或调整通风系统，以降低漏风通道两端的风压差，减少漏风量，使火区缺氧而达到熄灭矿岩自燃的目的。均压灭火法仅仅是能够控制进入火区的漏风量，实际只能起到辅助灭火的作用。用调压装置调节风压的具体做法有：

（1）风窗调压；

（2）局部通风机调压；

（3）风窗－局部通风机联合调压等。

第九讲　地下矿山水灾预防

［本讲要点］　有利于防水的井巷布置；有利于防水的采矿方法选择；地面防排水方法；井下防排水方法；注浆堵水；矿床疏干；矿坑排水；矿坑酸性水的防治

矿坑水是指因采掘活动揭露含水层（体）而涌入井巷的地下水。矿坑水的防治是根据矿床充水条件，制定出合理的防治水措施，以减少矿坑涌水量，消除其对矿山生产的危害，确保安全、合理地回收地下矿产资源。随着科学技术的进步和发展，人们在开采地下矿产的实践中，积累了丰富的综合防治矿坑水的经验，建立了整套行之有效的技术措施。这些技术措施概括起来有：防、排、截、堵、隔等。

第一节　井巷布置方式和开采方法的选择

矿坑水的防治工作，应本着“以防为主，防治结合”的原则，力争做到防患于未然。矿坑水的预防工作，实际上从矿山设计阶段就开始了，在其后的基建和生产阶段，都不能忽视。因此，矿坑水的预防应贯穿整个矿山水文地质工作的始终。

一、合理布置井巷

所谓合理布置井巷，就是开采井巷的布局必须充分考虑矿床具体的水文地质条件，使得流入井巷和采区的水量尽可能小，否则将会使开采条件人为地复杂化。在布置开采井巷时应注意以下几点：

(1) 先简后繁，先易后难。在水文地质条件复杂的矿区，矿床的开采顺序和井巷布置，应先从水文地质条件简单的、涌水量小的地段开始，在取得治水经验之后，再在复杂的地段布置井巷。例如，在大水岩溶矿区，第一批井巷应尽可能布置在岩溶化程度轻微的地段，待建成了足够的排水能力和可靠的防水设施之后，再逐步向复杂地段扩展，这样既可利用开采简单地段的疏干排水工程预先疏排复杂地段的地下水，又可进一步探明其水文地质条件。

（2）井筒和井底车场选址。井筒和井底车场是任何一个矿井的要害阵地，防排水及其他重要设施都在这里，开拓施工时，还不能形成强大的防排水能力。因此，它们的布置应避开构造破碎带、强富水岩层、岩溶发育带等危险地段，而应坐落在岩石比较完整、稳定、不会发生突水的地段。当其附近存在强富水岩层或构造时，则必须使井筒和井底车场与该富水体之间有足够的安全厚度，以避免发生突水事故。

（3）联合开采，整体疏干。对于共处于同一水文地质单元、彼此间有水力联系的大水矿区，应进行多井联合开采，整体疏干，使矿区形成统一的降落漏斗，减少各单井涌水量，从而提高各矿井的采矿效益。

（4）多阶段开采。对于同一矿井，有条件时，多阶段开采优于单一阶段开采。因为加大开采强度后，矿坑总涌水量变化不大，但是分摊到各开采阶段后，其平均涌水量比单一阶段开采时大为减少，从而降低了开采成本，提高了采矿经济效益。

二、选择合理的采矿方法

采矿方法应根据具体水文地质条件确定。一般来说，当矿体上方为强富水岩层或地表水体时，就不能采用崩落法采矿，以免地下水或地表水大量涌入矿井，造成淹井事故。在这种条件下，应考虑用充填采矿法；也可以采用间歇式采矿法，将上下分两层错开一段时间开采，使得岩移速度减缓，降低覆岩采动裂隙高度，减少矿坑涌水量。

国内外在开采大水矿床时，通常的做法是在预先疏干后，再根据具体的地质和水文地质条件，选择合理的采矿方法，如空场法、房柱法以及 VCR 法等。

第二节 地面防排水

地面防排水是指为防止大气降水和地表水补给矿区含水层或直接渗入井下而采取的各种防排水技术措施。它是减少矿井涌水量，保证矿山安全生产的第一防线。主要有挖沟排（截）洪、矿区地面防渗、防水堤坝和整治河道等。

一、挖沟排（截）洪

位于山麓和山前平原区的矿区，若有大气降水顺坡汇流涌入露天采场、矿床疏干塌陷区、坑采崩落区、工业广场等低凹处，造成局部地区淹没，或沿充水岩层露头区、构造破碎带甚至井口渗（灌）到井下时，则必须在矿区上方、垂直来水方向修筑沟渠，拦截山洪。排（截）洪沟通常沿地形等高线布置，并按一定的坡度将水排出矿区范围之外。

二、矿区地面防渗

矿区含水层露头区、疏干塌陷区、采矿引起的开裂或陷落区、老窿以及未密闭钻孔等位于地面汇流积水区内，会产生严重渗漏，对矿井安全构成威胁。矿区内池塘渗漏严重，对矿井安全或露采场边坡稳定不利，应采取地面防渗措施。防渗措施主要有：

（1）对于产生渗漏但未发生塌陷的地段，可用黏土或亚黏土铺盖夯实，其厚度取0.5~1m，以不再渗漏为度。

（2）对于较大的塌陷坑和裂缝等充水通道，通常是下部用块石充填，上部用黏土夯实，并且使其高出地面约0.3m，以防自然密实后重新下沉积水。

（3）对于底部出露基岩的开口塌洞（溶洞、宽大裂缝），则应先在洞底铺设支架（如用废钢轨、废钢管等），然后用混凝土或钢筋混凝土将洞口封死，再在其上回填土石。当回填至地面附近时，改用0.8m黏土分层夯实，并使其高出地面约0.3m。

（4）对矿区某些范围较大的低洼区，不易填堵时，则可考虑在适当部位设置移动泵站，排除积水，以防内涝。对矿区内较大的地表水体，应尽量设法截源引流，防渗堵漏，以减少地表水下渗量。

三、修筑防水堤坝

当矿区井口低于当地历史最高洪水位或矿区主要充水岩层埋藏在近河流地段，并且河床下为隔水层时，应筑堤截流。

四、整治河道

矿区或其附近有河流通过，并且渗漏严重，威胁矿井生产时，应采取措施整治河道。河道防渗处理措施主要有：

（1）防渗铺盖；

（2）防渗渡槽；

（3）河道截直；

（4）河流改道。

第三节 井下防排水

矿山采掘活动总会直接或间接破坏含水层，引起地水涌入矿坑，从此种意义上讲，矿坑充水难以避免。但是，防止矿坑突水，尽量减少矿坑涌水量，以保证矿井正常生产，不仅可能也是必须做到的。井下防水就是为此目的而采取的技术措施。根据矿床水文地质条件和采掘工作要求不同，井下防水措施也不同，如超前探放水、留设防水矿柱、建筑防水设施以及注浆堵水等。

一、超前探放水

它是指在水文地质条件复杂地段施工井巷时，先于掘进，在坑内钻探以查明工作面前方水情，为消除隐患、保障安全而采取的井下防水措施。

“有疑必探，先探后掘”是矿山采掘施工中必须坚持的管理原则。通常遇到下列情况时都必须进行超前探水：

（1）掘进工作面临近老窿、老采空区、暗河、流沙层、淹没井等部位时；

(2) 巷道接近富水断层时；

(3) 巷道接近或需要穿过强含水层（带）时；

(4) 巷道接近孤立或悬挂的地下水体预测区时；

(5) 掘进工作面上出现有发雾、冒“汗”、滴水、淋水、喷水、水响等明显出水征兆时；

(6) 巷道接近尚未固结的尾砂充填采空区、未封或封闭不良的导水钻孔时。

二、留设防水矿（岩）柱

在矿体与含水层（带）接触地段，为防止井巷或采空空间突水危害，留设一定宽度（或高度）的矿（岩）体不采，以堵截水源流入矿井，这部分矿岩体称作防水矿（岩）柱（以下简称矿柱）。通常在下列情况下应考虑留设防水矿柱：

(1) 矿体埋藏于地表水体、松散空隙含水层之下，采用其他防治水措施不经济时，应留设防水矿柱，以保障矿体采动裂隙不波及地表水体或上覆含水层。

(2) 矿体上覆强含水层时，应留设防水矿柱，以免因采矿破坏引起突水。

(3) 因断层作用，使矿体直接与强含水层接触时，应留设防水矿柱，防止地下水溃入井巷。

(4) 矿体与导水断层接触时，应留设防水矿柱，阻止地下水沿断层涌入井巷。

(5) 井巷遇有底板高水头承压含水层且有底板突破危险时，应留设防水矿柱，防止井巷突水。

(6) 采掘工作面邻近积水老窿、淹没井时，应留设防水矿柱，以阻隔水源突然流入井巷。

三、构筑水闸门（墙）

水闸门（墙）是大水矿山为预防突水淹井、将水害控制在一定范围内而构筑的特殊闸门（墙），是一种重要的井下堵截水措施。水闸门（墙）分为临时性的和永久性的两种。

为了确保水闸门（墙）起到堵截涌水的作用，其构筑位置的选择应注意以下几点：

（1）水闸门（墙）应构筑在井下重要设施的出入口处，以及对水害具有控制作用的部位，目的在于尽量限制水害范围，使其他无水害区段能保持正常生产。

（2）水闸门（墙）应设置在致密坚硬完整稳定的岩石中，如果无法避开松软、裂隙岩石，则应采取工程措施，使闸体与围岩构成坚实的整体，以免漏水甚至变形移位。

（3）水闸门（墙）所在位置应不受邻近部位和下部阶段采掘作业的影响，以确保其稳定性和隔水性。

（4）水闸门应尽量构筑在单轨道巷道内，以减少其基础掘进工程量，并缩小水闸门的尺寸。

（5）确定水闸门位置时，还应考虑到以后开、关、维修的便利和安全。

水闸门或水闸墙是矿山预防淹井的重要设施，应将它们纳入矿山主要设备的维护保养范围，建立档案卡片，由专人管理，使其保持良好状态。在水闸门和水闸墙使用期限内，不允许任何工程施工破坏其防水功能。在它们完成防水使命后予以废弃时，应报送主管部门备案。

水闸门使用期间，应纳入矿区水文地质长期观测工作对象，对其渗漏、水压以及变形等情况定期观测，正确记录。所获资料参与矿区开采条件下水文地质条件变化特征的评价分析。

第四节　注浆堵水

注浆堵水是指将注浆材料（水泥、水玻璃、化学材料以及黏土、砂、砾石等）制成浆液，压入地下预定位置，使其扩张固结、硬化，起到堵水截流，加固岩层和消除水患的作用。

注浆堵水是防治矿井水害的有效手段之一，当前国内外已广泛应用于：井筒开凿及成井后的注浆；截源堵水；减少矿坑涌水量；

封堵充水通道恢复被淹矿井或采区；巷道注浆，保障井巷穿越含水层（带）等。

注浆堵水在矿山生产中的应用方法主要有五种：

（1）井筒注浆堵水。在矿山基建开拓阶段，井筒开凿必将破坏含水层。为了顺利通过含水层，或者成井后防止井壁漏水，可采用注浆堵水方法。按注浆施工与井筒施工的时间关系，井筒注浆堵水又可分为井筒地面预注浆、井筒工作面预注浆、井筒井壁注浆。

（2）巷道注浆。当巷道需穿越裂隙发育、富水性强的含水层时，则巷道掘进可与探放水作业配合进行，即将探放水孔兼作注浆孔，埋没孔口管后进行注浆堵水，从而封闭岩石裂隙或破碎带等充水通道，减少矿坑涌水量，使掘进作业条件得到改善，掘进工效大为提高。

（3）注浆升压，控制矿坑涌水量。当矿体有稳定的隔水顶底板存在时，可用注浆封堵井下突水点，并埋设孔口管，安装闸阀的方法，将地下水封闭在含水层中。当含水层中水压升高，接近顶底板隔水层抗水压的临界值时（通常用突水系数表征），则可开阀放水降压；当需要减少矿井涌水量时（雨季、隔水顶底板远未达到突水临界值、排水系统出现故障等），则关闭闸阀，升压蓄水，使大量地下水被封闭在含水层中，促使地下水位回升，缩小疏干半径，从而降低矿井排水量，以缓和甚至防止地面塌陷等有害工程地质现象的发生。

（4）恢复被淹矿井。当矿井或采区被淹没后，采用注浆堵水方法复井生产是行之有效的措施之一。注浆效果好坏的关键在于堵住矿井或采区突水通道位置和充水水源。

（5）帷幕注浆。对具有丰富补给水源的大水矿区，为了减少矿坑涌水量，保障井下安全生产之目的，可在矿区主要进水通道建造地下注浆帷幕，切断充水通道，将地下水堵截在矿区之外。这种方法不仅可以减少矿坑涌水量，还可避免矿区地面塌陷等工程地质问题的发生，因此具有良好的发展前景。但是帷幕注浆工程量大，基建投资多，因此，确定该方法防治地下水应十分谨慎。

第五节 矿床疏干

矿床疏干是指采用各种疏水构筑物及其附属排水系统，疏排地下水，使矿山采掘工作能够在适宜条件下顺利进行的一种矿山防治水技术措施。水文地质条件复杂或比较复杂的矿床，疏干既是安全采矿的必要措施，又是提高矿山经济效益的有效手段，因此是当今世界各国广为应用的一种防治矿山水害的方法。但是疏干也存在一些问题，如：长期疏干会破坏地下水资源；在一定的地质和水文地质条件下，疏干会引起地面塌陷等许多环境水文地质和工程地质问题。

矿床疏干一般分为基建疏干和生产疏干两个阶段。对于水文地质条件复杂类型矿山，通常要求在基建过程中预先进行疏干工作，为采掘作业创造正常和安全的条件。生产疏干是基建疏干的继续，以提高疏干效果，确保采矿生产安全进行。

矿床疏干方式分地表疏干、地下疏干和联合疏干三种方式。可根据矿床具体的水文地质和技术经济合理的原则加以选择。

（1）地表疏干方式的疏水构建物及排水设施在地面建造，适用于矿山基建前的疏干。

（2）地下疏干方式的疏排水系统在井下建造，多用于矿山基建和生产过程中的疏干。

（3）联合疏干方式是地表和地下疏干方式的结合，其疏排水系统一部分建在地表，另一部分建在井下，多用于复杂类型矿山的疏干，一般在基建阶段采用地表疏干，在生产阶段采用地下疏干，也可以颠倒。

第六节 矿坑排水

矿坑排水是指将疏干工程疏放出来（或其他来源）的地下水，经汇集输送至地表的过程，并包括为此目的使用的排水工程和设备。

及时、合理地输排矿坑水，是矿山生产的基本环节。它包括两部分内容：排水系统和排水方式。

（1）排水系统。指用于集中输排矿坑水的矿山生产系统。露采矿山一般由排水沟、储水池、泵站和泄水井（孔）等组成。坑采矿山通常由排水沟（巷）、水仓、泵房和排水管路组成。

（2）排水方式。指将矿坑水从井下扬送至地表，可以是采用一次完成还是分段完成的排输水方法。常用的排水方式有直接排水、分段排水和混合排水三种。

（3）露天采场排水。露天采场排水方式的选择，应根据具体的地质和水文地质条件、地形、采深和汇水面积等确定。只要地形有利或者允许开凿排水平硐，则应优先考虑采用排水沟或排水平硐自流排水方式。如果地形条件不允许采用自流排水，对于汇水面积和水量较小，矿山规模不大的小型矿山，可考虑在露天采场合适位置布置储水池，由移动式泵站或半固定式泵站将水送出采场范围以外；对于汇水面积、涌水量、采深以及平台下降速度均大的露采矿山，则可考虑采用分段截流，用永久泵站将水排出采场；若深部有巷道可供利用，或者先露天后地下采矿，可排水采矿相结合，采用巷道排水方式，进行预先疏干。

第七节　矿坑酸性水的防治

一、矿坑酸性水的防治方法

多数矿山的矿坑水属中性或弱碱性，其 pH 值介于 7～8 之间。但是煤矿和金属硫化物的氧化和水解，会使地下水 pH 值降低至 2～3，成为硫酸盐水。

矿坑酸性水可采取地面防渗、井下堵漏、建立专用排水系统、改进排水方式、采用耐酸抗腐设备等措施预防。

二、酸性水的处理措施

我国环境保护法明文规定，当矿井地下水作为工业废水排放时，水中有害人体健康、环境和动物的物质，不得超过最高允许排放浓度。否则，必须进行必要的处理，直至符合卫生排放标准后，才允许排放。在生产中，处理酸性水的方法很多，目前常用的方法为中和法和稀释法等。

第十讲　矿山防尘防毒与防氡

［**本讲要点**］　矿尘及其分类；尘肺病；矿尘防治技术；炮烟及设备尾气危害与中毒救护；含硫矿床产生的有毒气体及中毒救护；氡、氡子体及其对人体的危害；非铀矿山矿井空气中氡的来源及其预防

第一节　矿尘危害及其防治

矿尘是矿山生产的主要危害之一。它不仅影响矿工的身体健康，而且部分矿山的粉尘还具有爆炸性，严重威胁着矿山的安全生产。所以，了解矿尘的特性及其产生与运动的规律，有效地控制矿尘，对改善劳动条件，提高生产效率及保证矿井的安全生产具有重要的意义。

一、矿尘及其分类

（一）矿尘

矿尘，一般指矿物开采或加工过程中产生的微小固体颗粒集合体。从卫生角度考虑，岩尘粒径如大于5μm就很难进入肺泡，因而将粒径在5μm以下的岩粒称为呼吸性岩尘。岩尘中如果含有游离二氧化硅（SiO_2），当其含量超过10%时，称为硅尘。

从矿尘的存在状态讲，常把沉积于器物表面或井巷四壁之上的矿尘称为落尘，悬浮于井巷空间空气中的矿尘称为浮尘（或飘尘）。落尘与浮尘在不同风流环境下可以相互转化。防尘技术研究的对象，主要是悬浮于空气中的浮尘，所以一般所说的矿尘就是指悬浮于空气中的粉尘。

（二）矿尘的分类

在国际上还没有对矿尘进行统一的分类。按其性质和形态，可

作如下分类。

1. 按测定矿尘浓度的方法分类

（1）全尘。全尘是指各种粒度的矿尘和岩尘总和。在实际工作中，无法严格按粒度和成分测得全尘，通常把矿尘浓度近似作为全尘浓度。

（2）呼吸性粉尘。人在正常呼吸时，粒径较大的矿尘容易被阻留在呼吸道，而小于5μm 的矿尘有80% ~90% 能够随人的呼吸到达人的肺泡，对肺部危害很大。所以，把5μm 以下的矿尘称为呼吸性粉尘。

2. 按矿尘产生的过程分类

（1）矿尘。矿物由于机械或爆破作用被粉碎而生成的细小颗粒称作矿尘。矿尘形状不规则，尘粒大小分布范围很广，其中1 ~100μm 的尘粒能暂时悬浮于空气中。

（2）烟尘。在燃烧、氧化等物理化学变化过程中伴随产生的固体微粒称作烟尘。如井下硫化矿石的自然发火、外因火灾产生的烟尘，其直径一般很小，多在0.01 ~1μm 内，可长时间悬浮于空气中。

3. 按矿尘粒度分类

（1）粗尘。粒度大于40μm 的粉尘为粗尘，它是一般筛分的最小粒径，极易沉降。

（2）细尘。粒度为10 ~40μm，在明亮的光线下，肉眼可看到，在静止空气中呈加速沉降。

（3）微尘。粒度为0.25 ~10μm，用普通显微镜可以观察到，在静止空气中呈等速沉降。

（4）超微粉尘。即粒径小于0.25μm 的粉尘，要用超倍显微镜才能观察到，能长时间悬浮于空气中，并随空气分子做布朗运动。

4. 其他分类方法

（1）按粉尘的成分可分为岩尘、石棉尘、植物粉尘等。

（2）按有无毒性可分为有毒、无毒或放射性粉尘等。

（3）按爆炸性可分为易燃、易爆或非燃、非爆炸性粉尘。

二、矿尘的危害性

在井下的生产过程中，矿尘的危害主要表现在以下三个方面：

（1）对人体健康的危害。长期从事采掘工作和粉尘作业的职工，易患职业病——尘肺病。

（2）在采、掘等粉尘作业环境中，若矿尘达到较高的浓度，影响视野，操作中容易造成人身事故。

（3）若矿尘具有爆炸性，对矿井安全生产会带来很大威胁。

三、尘肺病

尘肺病是粉尘作业人员长期吸入微小粉尘后而引起的肺部纤维增生性疾病，一旦患上尘肺病就很难治愈。它是非煤矿山生产过程中危害最大的职业病。

（一）尘肺病的危害性

尘肺病一般发病较慢、病程较长，由于不如爆炸、透水等事故的一次性伤害严重，因此常被人们所忽视。

我国尘肺病危害状况十分令人担忧。据不完全统计，全国有50多万个厂矿存在不同程度的职业危害，实际接触粉尘等职业危害的职工有2500万人以上。根据近20多年全国各地非煤矿山的调查资料，我国较大国有非煤矿山工人尘肺患病率在1.1%～31.0%之间，多数矿山的患病率在10%以下。尘肺病的发病工龄在10～25年间，平均约20年。尘肺患者发病平均年龄仅45岁左右，其中很多人是生产骨干。尘肺病不仅给工人身心健康带来严重损害，也给国家与企业造成不良的社会、经济和政治影响。仅从工人发生尘肺后，生产力减少带来的经济损失（间接经济损失）及病人的劳保支出（直接经济损失）计算表明，尘肺病给国家和企业造成的损失是巨大的。

（二）影响尘肺病的发病因素

（1）矿尘中的游离二氧化硅含量。游离二氧化硅导致人体肺泡纤维化的作用最强。它的含量越高，尘肺病的病变发展越快。

（2）矿尘的分散度。空气中粉尘是由较小粒径组成的粒子群，其中若细微颗粒占的百分比多，则称分散度高。细微颗粒在空气中滞留时间长，被机体吸入的概率也高。沉积在肺部的尘粒主要是粒度小于5μm的粉尘。

(3) 粉尘浓度。尘肺的发病和进入肺部的矿尘数量有直接关系。事实证明，在矿尘浓度为1000mg/m^{3}的环境中工作1~3年即可致病。

(4) 接尘时间。接尘时间是指工人在含尘环境中工作的时间。矿山工人接尘时间越长，吸入矿尘的数量就越多，则发病率也越高。据统计，工龄在10年以上的工人比同工种10年以下的工人发病率高两倍。

研究和实践表明，工人接尘时间越长，患尘肺的可能性越大。

(5) 其他因素。矿尘引起尘肺是通过人体而起作用的，所以人的机体条件和个体防护，对尘肺的发生与发展有一定的影响，此外尚有岩种、各组分含量、石英类型、痕量元素存在及数量等因素影响着尘肺病的发生与发展。

(三) 混合粉尘危害特性

有关尘肺病的发病因素，世界各国从不同角度展开了大量的工作，其目的是为了找出硅尘致病的主要原因，为制定粉尘作业危害程度的等级标准提供科学依据。迄今为止，世界上有二十几个国家所制定的矿山粉尘浓度标准都无例外地只考虑粉尘中游离二氧化硅，主要西方国家的阈限值（TLV）都是与游离二氧化硅含量成反比。金属非金属矿山的矿岩中大多含有游离二氧化硅，如砂岩中游离二氧化硅含量为35%~45%、石英砂岩中为60%~80%、页岩中为27%~30%等。而井下空气中的尘粒往往是由多种矿物成分组成，表现为混合粉尘的危害特性。

四、矿尘防治技术

目前，我国非煤矿山主要采取以风水为主的综合防尘技术措施，即一方面用水将粉尘润湿捕获；另一方面借助风流将粉尘排出井外。通常按矿井防尘措施的具体功能，可将其划分为如下四大类：

(1) 减尘措施。在矿井生产中，通过采取各种技术措施，减少采掘作业时的粉尘发生量，是减尘措施中的主要环节，是矿山尘害防治工作中最为积极、有效的技术措施。减尘措施主要包括：改进采掘机械结构及其运行参数减尘、湿式凿岩、水封爆破、添加水炮泥爆破、封闭尘源以及使用捕尘罩等。

（2）降尘措施。尽管采取了减尘措施，采、掘、运等诸环节中仍然会产生大量的粉尘，这时就要采取各种降尘方法进行处理。降尘措施是矿井综合防尘工作的重要环节，现行的降尘措施主要包括干、湿式除尘器除尘以及在各产尘点的喷雾洒水，如放炮喷雾、支架喷雾、装岩洒水、巷道净化水幕等。

（3）通风排尘。通过上述两类措施所不能消除的粉尘要用矿井通风的方法排出井外。事实证明，矿井通风是除尘措施中最根本的措施之一。通风除尘方法分为全矿井通风排尘和局部通风除尘两种。

（4）个体防护。在井下粉尘浓度较高的环境下作业的人员需配备个体防护的防尘用具，如防尘面罩、防尘帽、防尘呼吸器等。个体防护虽然是综合防尘工作中不容忽视的一个重要方面，但它是一项被动的防尘措施。

国内外非煤矿山综合防尘的实践表明，采取上述防尘技术措施可以取得显著降尘效果，但要将矿井粉尘浓度降低到符合有关的安全卫生标准，尚需做出巨大的努力。由于水力除尘技术措施具有设备简单、节能、维修管理费用低等特点，迄今已得到了较广泛的普及与应用，但因水的表面张力较大而井下粉尘具有很强的疏水性，致使粉尘不易迅速、有效地被水湿润，影响了水力除尘效果，为此，在防尘用水中添加湿润剂降低水的表面张力技术已在国内外矿井中得到了迅猛发展。此外，随着水力除尘方法的日趋完善，欲寻求进一步提高其降尘效率的途径，已变得十分困难。

针对这一现状，世界各国正在开发与应用物理化学方法降低矿井粉尘的新技术措施，如泡沫除尘、粘尘剂降尘、隔尘帘降尘、磁化水除尘等。这些新技术措施的开发与应用，必将加大井下矿山尘害综合防治的力度，进一步改善井下作业环境，促进矿井的安全生产。

第二节 炮烟及设备尾气危害与中毒救护

爆破是矿山生产的主要作业之一。现代各种工业炸药的爆破分解都是建立在可燃物质（碳、氢、氧等）气化的基础上。当炸药爆炸时，除产生水蒸气和氮气外，还产生二氧化碳、一氧化碳、氮氧化物等有毒有害气体，统称为炮烟，它会直接危害矿工的健康和安全，因此爆破后人员不能立即进入工作面。

井下使用柴油动力的无轨设备能使劳动生产率大大提高，但必须消除柴油机排出的废气对矿工的危害。柴油是由碳（85%～86%（按质量））、氢（13%～14%）和硫（0.05%～0.7%）组成，柴油的燃烧一般不是理想的完全燃烧，会产生很多局部氧化和不燃烧的物质。所以，柴油机排出的废气是各种成分的混合物，其中以氮氧化合物（主要是一氧化氮和二氧化氮），一氧化碳、醛类和油烟四类成分含量较高，它们的毒性较大，是柴油机废气中的主要有害成分。一般柴油机废气中的氮氧化物体积浓度为0.005%～0.025%，一氧化碳体积浓度为0.016%～0.048%。所以应进一步了解一氧化碳和氮氧化物的特点，才能清楚地知道它们的危害及其预防方法。

一、一氧化碳

一氧化碳是一种无色、无味的气体，相对空气的密度为0.97。由于一氧化碳与空气密度相近，易均匀散布在巷道中，若不用仪器测定很难察觉。一氧化碳不易溶解于水，在通常的温度和压力下，化学性质不活泼。

一氧化碳是一种性质极毒的气体，在井下各种中毒事故中它所占的比例较大。一氧化碳性质极毒是由于它与人体血液中血红蛋白的结合力比氧大250～300倍，也就是说血液吸收一氧化碳的速度比氧快250～300倍。当人体吸入的空气含有一氧化碳时，那么血液就要多吸收一氧化碳，少吸入甚至不吸入氧气。这样人体内循环的不是氧素血红蛋白，而是碳素血红蛋白，从而使人患缺氧症。当血液中一氧化碳达到饱和时就完全失去输氧的能力，使人死亡。

一氧化碳中毒时只要吸入新鲜空气就会减轻中毒的程度，因此将一氧化碳中毒者尽快地转移到新鲜风流中进行人工呼吸，仍可得救。一氧化碳含量对人体的影响如表 10－1 所示。

表 10－1　空气中不同的一氧化碳浓度对人体的影响

一氧化碳浓度		人体的反应
mg/L	%(体积)	
0.2	0.016	连续呼吸数小时，人感到耳鸣，头痛等，当吸入新鲜空气后，即恢复正常
0.6	0.048	连续呼吸 1h，就会感到耳鸣、头痛、心跳加速
1.6	0.128	连续呼吸 0.5～1h，四肢无力、呕吐、感觉迟钝、丧失行动能力
5.0	0.4	连续呼吸 20～30min，丧失知觉，呼吸停顿，以致死亡
12.5	1.0	1～2min 即死亡

由于一氧化碳的毒性很大，安全规程规定：井下作业地点（不采用柴油设备矿井），空气中一氧化碳浓度不得超过 0.0024%，按质量计不得超过 0.03mg/L，这个规定的允许浓度较有轻微症状的中毒浓度还有几倍的安全系数，这主要考虑到人在这样的环境从事劳动也不致中毒和受到伤害。但爆破后，在通风机连续运转不断送入新鲜风流的情况下，一氧化碳浓度降到 0.02% 时就可以进入工作面。使用柴油设备的矿井一氧化碳应小于 0.005%。

若经常在一氧化碳浓度超过允许浓度的环境中工作，虽然短时期内不会发生急性症状，但由于血液长期缺氧和中枢神经系统受到伤害，就会引起头痛、眩晕、胃口不好、全身无力、记忆力衰退、情绪消沉及失眠等慢性中毒。

还应注意到，发生井下火灾时，由于井下氧气供应不充分，也会产生大量的一氧化碳。

二、氮氧化物

爆破后和柴油机废气中都有大量的一氧化氮（NO），一氧化氮是极不稳定的气体，遇到空气中的氧即转化为二氧化氮（NO_2）。二氧化氮是一种褐红色的气体，相对空气的密度为1.57，具有窒息气味，极易溶解于水；二氧化氮遇水后生成硝酸，对人的眼、鼻、呼吸道和肺部都有强烈的腐蚀作用，以致破坏肺组织而引起肺部水肿。

二氧化氮中毒的特点是起初无感觉，往往要经过6～24h后才出现中毒征兆。即使在危险浓度下，起初也只是感觉呼吸道受刺激、咳嗽，但经过6～24h后，就会发生严重的支气管炎、呼吸困难、吐黄痰、肺水肿、呕吐等症状，以致很快死亡。空气中不同的二氧化氮浓度对人体的影响如表10－2所示。

表10－2 空气中不同的二氧化氮浓度对人体的影响

二氧化氮浓度		人体的反应
mg/L	%(体积)	
0.08	0.004	经过2～4h还不会引起显著的中毒现象
0.12	0.006	短时间对呼吸道有刺激作用，咳嗽、胸痛
0.2	0.01	短时间呼吸器官受到强烈刺激作用，剧烈咳嗽，声带痉挛性收缩，呕吐，神经系统麻木
0.51	0.025	短时间内死亡

为了防止二氧化氮的毒害，安全规程规定：井下作业地点（不采用柴油设备的矿井）空气中二氧化氮的浓度不得超过0.00025%（换算为N_2O_5的氮氧化合物为0.0001%），按质量计不得超过0.005mg/L；使用柴油设备的矿井二氧化氮浓度应小于0.0005%。

三、一氧化碳和二氧化氮中毒时的急救

从一氧化碳和二氧化氮的特性可以看出，二者都是毒害很大的气体，又同时产生在爆破后和柴油机排出的废气中，但由于它们对人体中毒的部位不同，在对中毒伤员进行急救时应加以区别对待。

一氧化碳中毒特征及救治：

（1）呼吸浅而急促，失去知觉时面颊及身上有红斑。

（2）嘴唇呈桃红色。

(3) 对中毒伤员可施用人工呼吸及苏生输氧，开始输氧时可在氧气中掺入5%～7%的二氧化碳以兴奋呼吸中枢促进恢复呼吸机能。

(4) 口服生萝卜汁有解毒作用。

二氧化氮中毒特征及救治：

(1) 突出的特征是指尖、头发变黄，另外还有咳嗽、恶心、呕吐等症状。因为二氧化氮中毒时，往往发生肺水肿，所以切忌采用人工呼吸，以免加剧肺水肿的发展。

(2) 可用拉舌头刺激神经引起呼吸，或在喉部注入碱性溶液（$NaHCO_3$），以减轻肺水肿现象。当必须用苏生输氧时，也只能输入不含二氧化碳的纯氧，以免刺激肺器官。最好是在苏生器供氧的情况下，让中毒伤员自行呼吸。

第三节 含硫矿床产生的有毒气体及中毒救护

在开采含硫矿床的矿井里，眼和鼻会有特殊的感觉，这是因为硫化矿物被水分解产生的硫化氢和含硫矿物的缓慢氧化、自燃和爆破作业等产生的二氧化硫所引起的。

一、硫化氢

硫化氢是一种无色的气体，相对密度1.19，具有臭鸡蛋及微甜味，当空气中含量为0.0001%～0.0002%时，可以明显地感到它的臭味。它易溶解于水，能燃烧，性极毒，能使人体血液中毒，并对眼膜和呼吸系统有强烈的刺激作用。不同的硫化氢浓度对人体的影响如表10－3所示。

表10－3 空气中不同的硫化氢浓度对人体的影响

硫化氢浓度		人体的反应
mg/L	%(体积)	
0.14	0.01	数小时发生轻度中毒，流唾液和清鼻涕，瞳孔放大，呼吸困难
0.28	0.02	1h后头痛昏迷，呕吐，四肢无力

续表 10-3

硫化氢浓度		人体的反应
mg/L	%（体积）	
0.7	0.05	30min 后失去知觉，痉挛，脸色发白，不急救便死亡
1.4	0.10	很快有死亡的危险

安全规程规定，矿内空气中硫化氢的含量不得超过 0.00066%。应该注意到，硫化氢容易出现在一些老窿中。由于它的相对密度大，易溶解于水，很容易聚集在老窿的水塘中，若被搅动，就有放出的危险。

二、二氧化硫

二氧化硫具有强烈的烧硫黄味，相对密度 2.2，易溶解于水。对眼有刺激作用，与呼吸道潮湿的表皮接触后产生硫酸，对呼吸器官有腐蚀作用，使喉咙支气管发炎，呼吸麻痹，严重时引起肺水肿。所以二氧化硫中毒的伤员也不能进行人工呼吸。空气中不同二氧化硫的浓度对人体的影响如表 10-4 所示。

表 10-4 空气中不同的二氧化硫浓度对人体的影响

二氧化硫浓度		人体的反应
mg/L	%（体积）	
0.014	0.0005	嗅觉器官感到刺激味
0.057	0.002	对眼睛和呼吸器官有强烈的刺激，引起眼睛红肿、流泪、咳嗽、头痛、喉痛等现象
1.43	0.05	引起急性支气管炎、肺水肿，短期内死亡

安全规程规定，矿内空气中二氧化硫的含量不得超过 0.0005%。

三、硫化氢、二氧化硫中毒时的急救

（1）硫化氢中毒，除施用人工呼吸或苏生输氧外，还可用浸过氯水溶液的棉花或毛巾放在嘴和鼻旁，因氯是硫化氢的良好解毒物。

（2）二氧化硫中毒可能引起肺水肿，故应避免用人工呼吸；当必须用苏生输氧时，也只能输入不含二氧化碳的纯氧。

（3）外部器官受硫化氢、二氧化硫刺激时，眼睛可用1%的硼酸水或明矾溶液冲洗，喉咙可用苏打溶液、硼酸水及盐水漱口。

第四节 矿山放射性危害及其预防

铀、钍、锕是天然放射性元素，它们广泛地分布于地壳中，因此在非铀矿山（包括煤、金属和非金属矿）同样会遇到铀、钍，其在矿岩中的含量有时超过地壳中的平均含量。我国在20世纪70年代查明某些非铀矿山氡的危害极为严重，在党和政府的关怀重视下，集中有关科研院校、医疗机构、矿山等部门进行了认真的研究，基本摸清了非铀矿山氡的来源和基本规律，采取了切实可行的措施，取得了可喜的成果。

一、氡、氡子体及其对人体的危害

所谓放射性，是指某些物质能够自发地放出射线的属性，这些物质称为放射性物质。

放射性物质的原子核放出射线后，变成另外一种原子核，称为放射性衰变。如铀可以衰变成镭，镭可以衰变成氡。衰变前的元素通常称为母体，衰变后的元素称为子体。如铀系的衰变过程中，铀是镭的母体，镭是铀的子体，而氡则是镭的子体，也是铀的第二代子体。

放射性核子数因衰变而减少到原来的一半所需要的时间称为半衰期。如铀的半衰期是45亿年，镭的半衰期是1620年；镭又继续衰变为氡，氡的半衰期为3.825天；氡又继续衰变。

氡（Rn）是铀衰变来的，是一种无色、无味，并具有放射性的惰性气体；密度为0.00973kg/L，相对空气的密度为8.1，是目前已知最重的气体；当温度为-65℃时，由气体变为液体，在-71℃时，又由液体变为固体，微溶于水，易溶于脂肪；具有强烈的扩散性，能被固体物质所吸附，对其吸附能力最强的是活性炭。

氡原子在不停地衰变，氡子体就不断地产生，绝对不含氡子体的纯氡是不存在的，只要有氡就必然有氡子体。

氡子体是一种极细的金属微粒，粒径为0.05～0.35μm，具有荷电性，能牢固地黏附在一切物体的表面形成难以擦掉的“放射性薄层”；也很容易和空气中的微细尘粒和雾滴等结合在一起，形成结合态子体和放射性气溶胶。

氡及其子体在衰变过程中放射出α、β、γ三种射线，这些射线对人体的危害程度，取决于它们的特性。α射线是一种高速运动的带电粒子流，穿透力弱，很容易被物质捕获，因此它的外照射极易消除。但若它从口腔、鼻腔进入人体内，沉积在支气管上进行内照射，就会使各级支气管上皮基底细胞直接产生电离辐射作用，杀死和损伤细胞，是造成矿工肺癌的主要原因之一。γ射线是一种光子流，不带电，主要是产生电磁辐射作用，穿透能力很强。β射线是高速运动的电子流，每一个粒子就是一个电子，穿透能力比α粒子强。β、γ射线对人体的危害均是外照射。

实践证明，矿山井下放射性外照射因其强度较弱对矿工的危害是次要的，所谓矿井的放射性防护主要是针对α射线的内照射。据统计，氡子体对人体所产生的危害比氡大18.9倍，然而氡是氡子体的母体，从这个角度上说，防氡更具有重要意义。

二、氡和氡子体的最大允许浓度

在含有放射性物质的地下矿山，井下人员会受到氡及其短寿命子体以及铀矿尘的照射。一般说来，氡子体是矿山的主要辐射危害因素。一些矿工患肺癌的原因便与他们受到高浓度的氡及氡子体的照射有关。

为了防止氡及其子体的危害，我国地下矿通风安全规程做了如下规定：

氡的浓度：矿山井下工作场所的空气中氡的最大允许浓度为$3.7kBq/m^3$。

氡子体的潜能值：矿山井下工作场所氡子体的潜能值不超过$6.4\mu J/m^3$。

三、非铀矿山矿井空气中氡的来源

非铀矿山矿井空气中的氡来自：矿岩外露表面析氡；破碎岩矿堆析氡；矿井地下水析氡和入风流中的氡进入井下。

影响氡析出量的因素主要有：含铀品位；矿岩外露面积的大小；矿岩裂缝的发育状况和孔隙度的大小及地下涌水量等。

（1）矿岩外露表面析氡。铀矿体外露表面氡的析出率为 3.7 ~ 370$Bq/m^2 \cdot s$，我国氡危害严重的云锡矿山实测为（3.7 ~ 370）× $10^{-4}Bq/m^2 \cdot s$。可见，氡析出强度主要取决于矿岩的含铀品位。非铀矿山品位低，一般矿岩外露表面析氡量较少，但局部地段有铀的富集时，往往成为非铀矿山的有害氡源。

氡具有强烈的扩散性。当矿岩中的孔隙、裂缝发育时，若井巷空气与这些孔隙、裂缝间存在压差，在此压力作用下，氡会不断地涌入井巷空气中，从而成为非铀矿山的主要氡源。

（2）破碎岩矿堆析氡。岩矿破碎后比表面积增大，氡析出量就增加，尤其在爆破后的瞬间，氡浓度达极大值。在有氡危害的非铀矿山采空区，当其残存的矿岩多，空区范围大，封闭性差，又出现由外向内的外部漏风时，则采空区的氡会成为主要氡源。我国对氡危害严重的十多个矿山的调查也证实了这点。

（3）地下水析氡。地下水氡浓度一般不超过 37Bq/L。当涌水量大，含氡浓度又较高时，地下水的析氡同样可成为主要氡源。如加拿大纽芬兰萤石矿地下水析氡，导致该矿井下氡及其子体浓度很高，矿工出现肺癌。湖南某矿的地下水中的氡浓度平均为 63.49Bq/L，其中有一钻孔中的流水，氡浓度高达 96.13Bq/L。

（4）风源含氡。地表大气中氡的本底值极微，随风流进入井下的氡量可忽略不计。但当风路布置及通风方式选择不当，致使入风流经过含铀富集区或与采空区连通，污染了风源，使井下空气大范围内的氡浓度增高，这是值得注意的。

从矿井大气的基本分析可以看出，除了氧气含量减少及二氧化碳含量增加是矿井存在的共同现象外，其他的有害因素要在一定的条件下才会产生。在金属矿井，爆破作业频繁或使用柴油设备时，经常出现一氧化碳及氮氧化合物；含硫矿床则往往出现硫化氢及二氧化硫；矿岩中含有放射性元素时，还会出现放射性气体氡及其子体。

各种有害因素具有不同的特性。如一氧化碳既不易为人们直观发现，又不溶于水，加之与空气密度相近，易均匀分散在空气中，所以中毒事故所占比例较多。又如硅尘及放射性气体，对人体的危害要经历一定时期才能反映出来，所以容易被人们忽视。因此，对于矿井中的各种有害因素都必须认真对待。

这些物质对人体产生危害，必须同时具备三个必要的条件，即：

（1）空气中有这些物质存在，并超过一定的浓度；

（2）被吸入人体；

（3）对人体作用超过一定时间。

只有同时满足这三个条件，它们才对人体产生危害。因此只要采取措施，破坏这三个条件的同时存在，就能达到降低危害的目的。目前，矿井通风仍然是最重要的措施，即不断地用新鲜空气去稀释和排除这些有害物质，使之达到无害程度，并排出矿外。所以，矿井通风仍然是同矿内空气中有毒有害气体、粉尘作斗争的主要手段，也是改善矿井气候条件的主要手段。

第十一讲　露天矿爆破安全

［本讲要点］　爆破地震效应及地震安全距离；空气冲击波的安全距离；爆破飞石的安全距离；爆破有害气体扩散安全距离；杂散电流和雷电对爆破作业的危害及预防；高硫矿中的药包自爆及预防；拒爆的预防

露天矿山爆破工作十分频繁，爆破安全具有十分重要的意义。当由于某种原因而造成安全事故时，这些事故多数都具有很大的破坏力，会造成很大的损失。因此，掌握相关的安全知识在露天爆破工作中有着突出的意义。

第一节　安全标准及安全距离

露天大爆破产生的爆破地震波、空气冲击波、个别飞石和爆破毒气，对人和周围建筑物、构筑物以及设备所造成的危害范围，因爆破规模、性质与爆破环境的不同，其影响程度各不一样。如露天矿大爆破，地震与个别飞石的影响范围较大，空气冲击波在加强抛掷爆破有着显著的影响，而松动爆破则几乎没什么影响；爆破规模很大时，爆破毒气的危害也较为严重。为了保证人员和设备的安全和采取必要的防护措施，必须正确确定各项安全影响范围，以便爆破时将人员设备撤出危险范围以外，防止发生爆破事故。对于建筑物与构筑物，必须判定其安全程度，对于重要建筑物、构筑物，必须保证其不受爆破地震、空气冲击波和飞石的破坏，要准确地进行安全校核，必要时应减少一次（或一段）的爆破装药量或采取其他安全措施。

一、爆破地震效应及地震安全距离

炸药在岩石中爆炸的部分能量（约百分之几）转化为弹性波，

在土岩中传播而引起地表震动，这就是爆破地震。它会对附近地层、建筑物、构筑物产生破坏影响。然而它与天然地震又是有区别的，其主要区别在于：爆破的能源在地表浅层发生；能量衰减快；地震持续时间短；震动频率较高；在爆源近区竖向震动较显著等。因此，爆破地震与天然地震相比，爆破地震的影响较小。此外，它的震源大小、位置及其作用方向可以控制，振动的持续时间及强度可以预先估算，以及振动效应可以用改变爆破方法适当调节。

因为地震安全距离往往是决定爆破工程规模、方式的重要因素，有些爆破设计在报批中遇到问题也往往发生在地震效应的控制上。因为控制标准、计算方法均不甚严格，被保护建（构）筑物的结构和状况又十分复杂，如何较为准确地预估地震强度，控制建（构）筑物的损坏程度经常成为有争议的问题。《爆破安全规程》规定，“一般建筑物和构筑物的爆破地震安全性应满足安全震动速度的要求”，并规定了建（构）筑物地面质点震动速度控制标准。

二、空气冲击波的安全距离

爆破时，爆炸产生的部分高压气体随着土岩块冲出，在空气中形成冲击波。冲击波在爆源附近的一定范围内，可能造成危害。由于矿山爆破多为群药包，炸药能量分布均匀，而只有一部分炸药能量转化为空气冲击波，因此一般危害的范围较小。

空气冲击波的安全距离主要依据以下几个方面来确定：

（1）对地面建筑物的安全距离；

（2）空气冲击波超压值计算和控制标准；

（3）爆破噪声；

（4）空气冲击波的方向效应与大气效应。

控制空气冲击波的方法主要有：

（1）避免裸露爆破，特别是在居民区更需特别重视。导爆索要掩埋20cm或更多，一次爆破孔间延迟不要太长，以免前排炮使后排变成裸露爆破。

（2）保证堵塞质量，特别是第一排炮孔，如果工作面出现较大后冲，必须保证足够的堵塞长度。对水孔要防止上部药包在泥浆中浮起。

(3) 考虑地质异常，采取措施。例如，断层、张开裂隙处要间隔堵塞，溶洞及大裂隙处要避免过量装药。

(4) 在设计中要考虑避免形成波束。

(5) 合理安排放炮时间，一是避免空飞冲击波能量向地表集中，二是放炮时间最好安排在爆区附近居民离家时。

三、爆破飞石的安全距离

爆破飞石的飞散距离受地形、风向和风力、堵塞质量、爆破参数等影响，爆破飞石的安全距离应根据硐室爆破、非抛掷爆破、抛掷爆破等情况分别考虑。据统计，飞石事故超过爆破事故总数的四分之一。在设计和施工中必须严格做到：

(1) 设计合理，测量验收严格，避免单耗失控，是控制飞石危害的基础工作。

(2) 慎重对待断层、软弱带、张开裂隙、成组发育的节理、溶洞、采空区、覆盖层等地质构造，采取间隔堵塞，调整药量，避免过量装药等措施。

(3) 保证堵塞质量，不但要保证堵塞长度，而且要保证堵塞密实。

(4) 多排爆破时要选择合理的延迟时间，防止因前排炮（后冲)，造成后排最小抵抗线大小与方向失控。

(5) 城市爆破应做好防护。

(6) 在高山地区进行大爆破时，尚应考虑爆破岩石沿沟滚滑的危害范围。

四、爆破有害气体扩散安全距离

由于露天大爆破装药量较大，爆破后将产生大量毒气。特别是进行较大规模的露天抛掷爆破时，应考虑瞬间有毒气体的危害。对于下风向的安全距离应增加一倍。

爆破有害气体主要有 CO、NO、NO_2、N_2O_5、SO_2、H_2S、NH_3 等，可引起窒息及血液中毒。在露天大爆破爆区附近有矿山井巷或采空区时，毒气有可能沿巷道或沿爆破裂隙向井下扩散。爆破后应进行空气取样，确认安全时，才准许人员进入作业。

此外，在大爆破后的岩堆体内含有高浓度的毒气，岩堆与涵管、隧道相连时，有可能向内扩散毒气，如通风不好将积聚其中，未经检查，不准入内，以防发生中毒事故。

在露天爆破中选择起爆站及观测站时，应考虑爆破当天的风向、地形条件，避免选在下风向。若在毒气影响范围内工作时，应采取有效的防护措施。

第二节 早爆和拒爆的预防

在矿山爆破作业中，根据历次早爆事故的分析，造成早爆的原因，除由于违反操作规程外，还有因杂散电流、雷电、高硫矿床药包自爆等所引起的早爆。

一、杂散电流

在金属矿山的爆区内，普遍存在着杂散电流，它威胁着矿山电气爆破作业的安全。

金属矿山的杂散电流，其直流杂散电流主要是直流电机车牵引网路流经矿岩、金属物返回大地的电流；交流杂散电流主要是由动力、照明线路漏电所引起的。此外，大地自然电流、化学电及电磁波辐射也是构成杂散电流的来源之一。

露天大爆破通常是在矿山基建时期进行，用电设备不多，尤其是在装药前撤除主要电气设备的情况下，爆区的杂散电流主要是大地自然电流，但一般在2mA以下。值得注意的是在装药时可能产生化学电。

在大地自然电流的作用下，铁轨、风水管之间形成电位差，从而形成化学电的杂散电流。杂散电流在导体之间最大（如铁轨对风水管），其次是风水管、铁轨对岩体；岩体之间最小。

为了保证大爆破的施工安全，对杂散电流的测定工作不可忽视。在装起爆体前，必须监测巷道和药室内杂散电流分布和变化情况，当杂散电流超过30mA时，必须采取可靠的预防措施。

(1) 主要是减少杂散电流源，如清除撒落在积水内的炸药及撤除巷道内金属物；

(2) 采用导爆索起爆或用抗杂散电流雷管；

(3) 局部或全部停电。

二、雷电

雷电是云与大地、或雷云之间放电所造成的空中放电现象。雷云放电时伴随着极大的机械作用和热效应。同时由于静电感应和电磁感应引起雷电的二次作用。在靠近雷击点附近的输电线可感应出极高电压。因此，在露天爆破作业中，采用电力起爆网路，遇有雷雨天气时是非常危险的。国内外曾发生多起由于雷电造成的早爆事故。

雷电流入电雷管的途径有：

(1) 通过脚线直接引起桥丝发火；

(2) 由于电压高，可引起脚线和管壳之间的感应放电而使电雷管起爆；

(3) 通过矿岩破碎地带或金属导体导入地下时，使电雷管起爆；

(4) 当雷电电流流经金属管道使与其平行的起爆导线产生感应电也可引起电雷管早爆。

雷电的预防措施有：

(1) 做好线路绝缘工作，防止电雷管脚线或电线裸露接地；

(2) 电爆网路应处于短路状态，当有雷雨时应将线头放在巷道内，距硐口以不小于10m为宜；

(3) 敷设起爆网路前应撤除巷道内一切其他电线、电缆及金属导电体；

(4) 雷雨季节，可采用导爆索网路起爆；

(5) 必要时可安装避雷针或避雷网。

三、高硫矿中的药包自爆

对于发生了内因火灾的高硫矿山，由于炸药能够与炮孔中的硫化矿氧化产物发生放热反应，在高温的作用下，有时候可能发生药包自爆。自爆的特征是：爆炸前有大量棕色二氧化氮气体从药包处冒出，紧接着是爆炸响声。

这种自爆，是由于硝铵炸药与矿粉直接接触以及高温作用所造成的。预防的措施是：装药前在药室周围铺上油毡纸或塑料布，并搞好炸药的包装，严格防止硝铵炸药直接与矿粉接触。当炮孔温度较高时，要停止装药，采取措施降低炮孔温度。

四、拒爆的预防

大爆破工程必须做到安全准爆，才能达到预期的爆破效果。在我国历次大爆破实践中，极少发生拒爆事故，但也发生过个别药包拒爆事故，给安全生产带来威胁。因此，在设计与施工中必须采取有效措施，预防拒爆的发生。在大爆破以后，应检查药包是否完全准爆，如发现爆区地面有未松动地段或与预计情况有明显差异时，应及时判断是否产生拒爆，以便及时处理。

（一）拒爆原因

产生拒爆的原因主要是对起爆材料的质量检查控制不严，起爆网路施工操作不细和网路设计错误等造成的，可归纳为以下几方面：

（1）电雷管质量不佳。如在储存中或装药后雷管受潮变质，使用拒爆率较高的过期雷管等。

（2）网路敷设质量差。如线路联接不牢接触电阻很大，线路绝缘不好产生接地、短路现象，连接错误等。

（3）导爆索网路中使用受潮变质或质量较差的导爆索，铵油炸药中的油质渗入导爆索药芯中，连接方法错误等。

（4）在同一网路中采用不同厂或同厂不同批的电雷管或雷管品种不同，雷管电阻差过大，雷管感度不一，造成部分拒爆；或由于并联支路电阻不平衡，其中某一支路未达起爆所需的最小起爆电流。

（5）在堵塞等施工中损坏了起爆线路，造成断路、短路或接地。

（6）设计不正确，电源容量不够，电源不可靠等。

（二）预防措施

（1）严格检查起爆材料（电雷管、导爆索及导电线）的质量，精心测定，对质量不合格的应予报废。

（2）严格检查线路敷设质量。应逐段检测网路电阻是否与设计计算值符合，如发现异常，应查明原因，排除故障。

（3）在有水或潮湿的药室内，应采取有效的防潮防水措施。

（4）起爆网路施工必须按操作规程进行，要认真细致，不可马虎大意。

（5）在电爆网路电阻测定中，发现异常不准起爆，直至查明原因、消除故障后方准起爆。

第十二讲　露天矿边坡事故预防

［**本讲要点**］　边坡稳定的基本概念；边坡的破坏类型；边坡安全管理；边坡检测的常用仪器及工具；边坡检测的程序；边坡现场检测工作；检测资料的分析及结论；边坡治理措施的分类；边坡治理的几种方法

随着露天开采的不断发展，露天矿的有效与合理开采深度不断增加，边坡暴露的高度、面积及维持的时间也不断增加。由于边坡不稳定因素的影响和边坡安全管理的不善，可能会导致露天矿边坡岩体滑动或崩落坍塌，给矿山人员安全、国家财产和矿产资源带来严重的危害和损失。因此，进行露天矿边坡的稳定性评估和定期检测对于贯彻国家有关安全法规和保证矿山安全生产具有重要意义。

第一节　边坡稳定的基本概念

露天开采时，通常是把矿岩划成一定厚度的水平层，自上而下逐层开采。这样会使露天矿场的周边形成阶梯状的台阶，多个台阶组成的斜坡称为露天矿边帮或露天矿边坡。

一、边坡的结构及特点

（一）边坡的组成要素

露天矿边坡按其在采场所处的位置不同可分为：

（1）底帮边坡，指位于矿体底盘一侧的边坡；

（2）顶帮边坡，指位于矿体顶盘一侧的边坡；

（3）端帮边坡，指位于矿体两端部的边坡。

台阶是露天矿边坡的基本组成部分，其结构要素如图 12－1 所示。台阶上部水平面称为台阶上部平盘（图中1）；台阶下部水平面称为台阶下部平盘（图中2）；上、下平盘之间已采掘暴露部分的倾斜面称为台阶坡面（图中3）；台阶坡面与下部平盘的夹角称为台阶坡面角（图中α）；上、下平盘之间的垂直距离称为台阶高度（图中L）；上部平盘与台阶坡面的交线称为台阶坡顶线（图中4）；下部平盘与台阶坡面的交线称为台阶坡底线（图中5）。

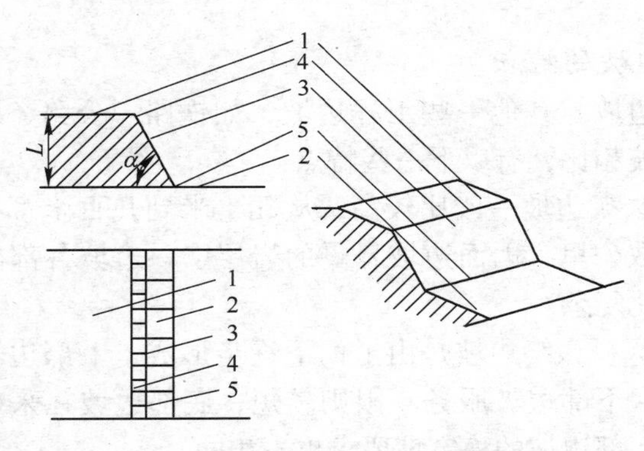

图12－1　露天矿边坡台阶结构要素示意图

台阶的命名一般以平盘的标高来表示，如100m水平。台阶根据其用途可分为工作平台、安全平台、清扫平台、运输平台等。

最终边坡：指已开采结束到达最终界面而留下的台阶所组成的边坡，其位置一般是固定的，深度则是随着开采深度的增加而不断延伸。

最终边坡角：指最终边坡坡面与水平面之间的夹角。

（二）边坡的结构

一般来说边坡结构中的基本单元是台阶。不同用途的台阶进行组合形成了边坡的结构。各台阶参数的组合决定了最终边坡角的大小，而最终边坡又受到岩体的工程地质条件和开采深度的限制。

最终边坡角、台阶各项参数、开采深度等一般在开采前由设计来确定。当这些参数确定后，边坡的基本结构也就确定了。最终边坡的一般结构是：在非运输一帮边坡上由几个安全平台加上一个清扫平台组成；在运输帮边坡上由安全平台、清扫平台、运输平台组成；运输平台是根据线路而布置的。由于运输平台往往较安全平台和清扫平台宽，所以在有运输线一帮的边坡角比无运输线一帮的边坡角要缓些。需要指出的是，在一些采石场尤其是乡镇采石场，往往是不分层的高台阶开采，作业环境极不安全，容易发生高处坠落、坍塌、物体打击与爆破飞石等事故。因此，如何控制开采高度与坡度，选取合理的边坡形式与几何形状等，对边坡的稳定性有很大影响。

（三）边坡的特点

露天矿边坡与其他一些工程边坡，如铁路、公路、水库、水坝等形成的边坡相比，有以下一些特点：

（1）露天矿边坡一般比较高，从几十米到几百米都有，走向长从几百米到数公里，因而边坡暴露的岩层多，边坡各部分地质条件差异大，变化复杂。

（2）露天矿最终边坡是由上而下逐步形成，上部边坡服务年限可达几十年，下部边坡服务年限则较短，底部边坡在采矿时即可废止，因此上下部边坡的稳定性要求也不相同。

（3）露天矿每天频繁的穿孔、爆破作业和车辆行进，使边坡岩体经常受到震动影响。

（4）露天矿边坡是用爆破、机械开挖等手段形成的，坡度是人为的强制控制，暴露岩体一般不加维护，因此边坡岩体较破碎，并易受风化影响产生次生裂隙，破坏岩体的完整性，降低岩体强度。

（5）露天矿边坡的稳定性随着开采作业的进行不断发生变化。

二、边坡的破坏类型

（一）边坡岩体的破坏类型

露天矿开采会破坏岩体的稳定状态，使边坡岩体发生变形破坏。边坡破坏的形式主要有崩落、散落、倾倒坍塌和滑动等。边坡岩体的破坏类型按破坏机理可分为四类：

（1）平面破坏：边坡沿某一主要结构面如层面、节理或断层面发生滑动，其滑动线为直线（见图 12－2(a)）。

（2）楔体破坏：在边坡岩体中有两组或两组以上结构面与边坡

相交，将母岩体相互交切成楔形体而发生破坏（见图 12－2(b)）。

（3）圆弧形破坏：边坡岩体在破坏时其滑动面呈圆弧状下滑破坏（见图 12－2(c)）。

（4）倾倒破坏：当岩体中结构面或层面很陡时，每个单层弱面在重力形成的力矩作用下向自由空间变形（见图 12－2(d)）。

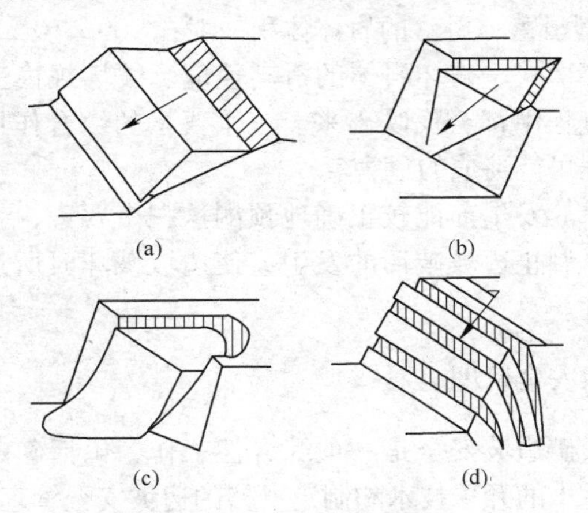

图 12－2　边坡的破坏类型

（a）平面破坏；（b）楔体破坏；（c）圆弧形破坏；（d）倾倒破坏

（二）边坡岩体的滑动速度和破坏规模

当边坡岩体发生滑动破坏时，由于受各种因素和条件的影响，其滑动的速度是各不相同的。有的滑动破坏是瞬间发生的，而有的滑动破坏是缓慢的，需在一段时间内完成整个破坏过程。

分析边坡岩体破坏时的滑动速度大小，对预防矿山事故非常重要。按照边坡岩体的滑动速度，边坡岩体的滑动破坏可分为四种类型：

（1）蠕动滑动：边坡岩体平均滑动速度小于 10^{-5}m/s。

（2）慢速滑动：滑动速度在 10^{-5}m/s 和 10^{-2}m/s 之间。

（3）快速滑动：滑动速度在 0.01m/s 和 1.0m/s 之间。

（4）高速滑动：滑动速度大于 1.0m/s。

露天矿边坡岩体发生破坏时所产生的后果不但取决于其破坏的类型、破坏的速度，还取决于破坏的规模即下滑岩体体积的大小和滑动岩体的范围。边坡岩体的破坏规模可分为四种类型：

（1）小型滑落：滑落的岩体体积在 $1\times10^4m^3$ 以下。

（2）中型滑落：滑落时岩体体积一般在（1～10）$\times10^4m^3$ 之间。

（3）大型破坏：滑落的岩体体积一般在（10～100）$\times10^4m^3$ 之间。

（4）巨型滑落：滑落的岩体体积一般在 $100\times10^4m^3$ 以上。

边坡破坏形式、破坏岩体的滑动速度、破坏规模三个要素在每次边坡破坏过程中都会反映出来。三个要素的综合作用决定了一次边坡破坏过程可能造成的危害。

如果在事故发生前能较正确地预测这三个要素，就能提前采取有效的措施，制止边坡破坏的发生或使边坡破坏时所造成的危害减少到最低限度。

三、边坡安全管理

确保露天矿边坡安全是一项综合性工作，包括确定合理的边坡参数、选择适当的开采技术和制定严格的边坡安全管理制度。

（1）确定合理的台阶高度和平台宽度。合理的台阶高度对露天开采的技术经济指标和作业安全都具有重要的意义。确定台阶高度要考虑矿岩的埋藏条件和力学性质、穿爆作业的要求、采掘工作的要求，台阶高度一般不超过 15m。平台宽度不但影响边角的大小，也影响边坡的稳定。工作平台宽度取决于所采用的采掘运输设备的要求和爆堆的宽度。

（2）正确选择台阶坡面角和最终边坡角。台阶坡面角的大小与矿岩性质、穿爆方式、推进方向、矿岩层理方向和节理发育情况等因素有关。工作台阶坡面角的大小在安全规程中都作了详细的规定。在一般情况下，其大小取决于矿岩的性质：

1）松软矿岩，工作台阶坡面角不大于所开采矿岩的自然安息角；

2）较稳定的矿岩，工作台阶坡面角不大于 55°；

3）坚硬稳固的矿岩，工作台阶坡面角不大于 75°。

最终边坡角与岩石的性质、地质构造、水文地质条件、开采深度、边坡存在期限等因素有关。由于这些因素十分复杂，因此通常参照类似矿山的实际数据来选择最终边坡角。

（3）选用合理的开采顺序和推进方向。在生产过程中要坚持从上到下的开采顺序，坚持打下向孔或倾斜炮孔，杜绝在作业台阶底部进行掏底开采，避免边坡形成伞檐状和空洞。一般情况下应选用从上盘向下盘的采剥推进方向，做到有计划、有条理的开采。

（4）合理进行爆破作业，减少爆破震动对边坡的影响。由于爆破作业产生的地震可以使岩体的节理张开，因此在接近边坡地段尽量不采用大规模的齐发爆破，可以采用微差爆破、预裂爆破、减震爆破等控制爆破技术，并严格控制同时爆破的炸药量。在采场内尽量不用抛掷爆破，应采用松动爆破，以防止飞石伤人，减少对边坡的破坏。

（5）矿山必须建立健全边坡管理和检查制度。当发现边坡上有裂陷可能滑落或有大块浮石及伞檐悬在上部时，必须迅速进行处理。处理时要有可靠的安全措施，受到威胁的作业人员和设备要撤到安全地点。

（6）矿山应选派技术人员或有经验的工人专门负责边坡的管理工作，及时清除隐患，发现边坡有塌滑征兆时有权制止采剥作业，并向矿上负责人报告。

（7）对于有边坡滑动倾向的矿山，必须采取有效的安全措施。露天矿有变形和滑动迹象的矿山，必须设立专门观测点，定期观测记录变化情况。

第二节　边坡稳定性检测

一、边坡检测的常用仪器及工具

（1）水准仪和水准尺。水准测量是高程测量的主要方法。水准仪是为水准测量提供水平视线的仪器，它主要由望远镜、水准器和基座三部分组成，另外还有架仪器的三脚架。水准尺也是水准测量的重要工具。水准尺质量的好坏直接影响水准测量成果的好坏，所以必须给予足够的重视。

（2）经纬仪。测角是测量的基本工作之一。为了测定地面点的位置，需要测出地面有关的角度。经纬仪是主要的测角仪器。经纬仪能测水平角和竖直角，水平角测量的方法，视精度要求、测量时所用仪器和测量对象而定。常用的测角方法有测回法、全圆测回法和复测法。

（3）罗盘仪。罗盘仪构造简单，使用方便，广泛应用于低精度的测量工作和勘探工作中，在一般的测量工作中应用不多。

（4）常用工具。边坡检测的常用工具有钢卷尺、皮尺、花杆、测钎等。钢卷尺一般为 30 ~ 50m，作为测量距离用。皮尺用于精度要求不高的距离测量中。花杆在定向和测角时用来瞄准目标。测钎在测量距离时用来定向。

二、边坡检测的程序

边坡检测应遵循一定程序：收集整理基础资料；现场检测；检测资料的分析与计算；边坡稳定性评定。

（一）收集、整理基础资料

主要收集基础资料包括：矿区工程地质资料及有关图纸，如矿床地质勘探报告、水文地质资料、工程地质资料；边坡存在形式和组合形式；一年内的采场生产现状图及有关矿图等生产现状资料；矿山以前发生的边坡坍塌事故基本情况；边坡岩体观测资料等。

基础资料的整理主要是指对收集的资料进行分类整理，看其是否满足本次检测工作的需要，与以往掌握的资料对比是否有变化等。

（二）边坡现场检测

边坡现场检测主要有以下内容：

（1）边坡的各项参数。如边坡的结构、表土厚度、边坡走向长度、边坡高度、各类平台的宽度、各种边坡角度等。

（2）边坡岩体构造和边坡移动的观测。岩体构造主要指断层、较大的节理等结构面。要求绘制结构面和在边上记录有关参数。边坡移动的观测是指用仪器或简易设备探测边坡岩体的位移规律或不稳定性。

（3）边坡的整体观测检查。主要检查在生产边坡上是否存在违章开采的情况，如伞檐、阴山坎、空洞等违章开采位置、范围及严重程度等，要草绘成图。

（三）边坡检测资料的分析

对现场检测的数据、资料进行综合分析，包括三方面的内容：

（1）根据工程地质资料和现场对边坡揭露岩体及结构面的调查观测等资料，采用岩体结构分析法、数学模型分析法和工程参数类比法等进行综合计算和分析。

（2）根据现场实测边坡各项参数对照国家有关规定确定其是否符合要求。

（3）确定影响边坡稳定的主要因素，边坡各项参数对边坡稳定的影响，主要结构面对边坡稳定的影响，掘工作面上违章开采对边坡稳定的影响等。

（四）边坡稳定性评定

根据检测资料和分析结论得出被检测边坡属于稳定型边坡或不稳定型边坡的结论。根据检测结果提出矿山边坡存在的问题，尤其是对不稳定型边坡，要指出问题所在和不稳定的原因，并提出相应的治理措施和整改要求。

边坡检测的程序和内容如图 12－3 所示。

三、边坡现场检测工作

（一）边坡参数的检测和要求

1. 边坡参数的检测

边坡的主要参数，如表土厚度、台阶坡角、边坡角、台阶高度等，可通过测定剖面来求得；对各种平台的宽度，可用经纬仪视距法求出；对于边坡的水平周长，可用分段丈量的办法求得。

每个边坡检测的剖面数应根据边坡的走向长度、形状来确定，但不得少于三个。

2. 边坡参数检测的要求

边坡检测对边坡长度、边坡高度、台阶高度、台阶宽度、台阶

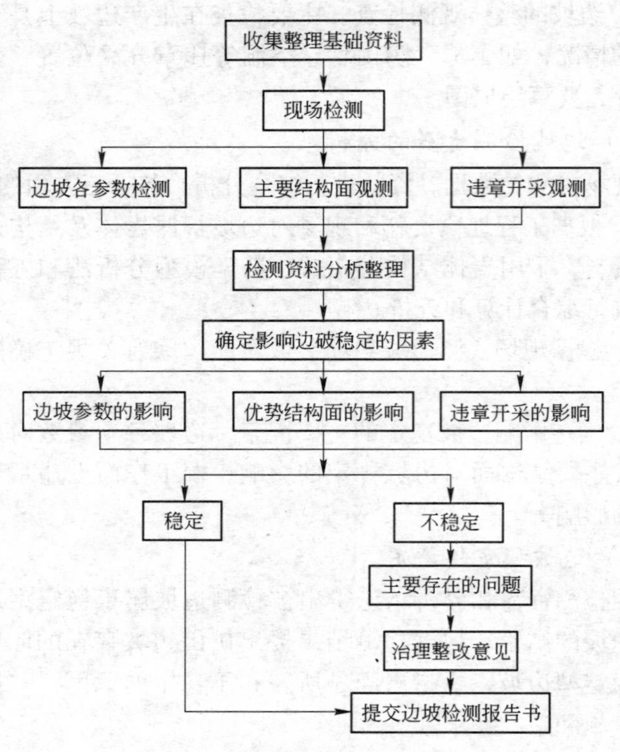

图 12－3 边坡检测的程序和内容

剖面角、最终边坡角等各项参数都有一定的要求。例如，在检测边坡高度时，如果检测剖面上既有最终边坡又有生产边坡，则要分别测出两个垂直高度，一个是最终边坡上最高点到该段边坡上最低一个台阶标高间的垂直高度，一个是生产边坡上一个工作台阶到最低一个工作平台的垂直高度。在检测最终边坡角时，如果边坡形状为凹形或凸形时，按最终边坡角的定义得出的值不能反映开采的实际情况，如图 12－4 所示。在图 12－4(a) 中，AB 连线与水平面的夹角为定义最终边坡角，它小于 AC 段边坡角 α'，又大于 CB 段边坡角 α''；在图 12－4(b) 中，$\alpha > \alpha'$，$\alpha < \alpha''$。因此在实际检测中当最终边坡存在上述情况时，应分别测出 α' 和 α''。生产边坡角也称工作帮坡角，指采场内最上一个生产平台的坡顶线到最下一个生产平台的

坡底线联成的假想平面与水平面的夹角。有些矿山实行不分层开采，从上到下只有一个台阶，此时生产边坡角的检测既可按最终边坡角的测量方法和要求来考虑，也可按台阶坡面角的测量方法和要求来测定，主要看其坡面形状而定。

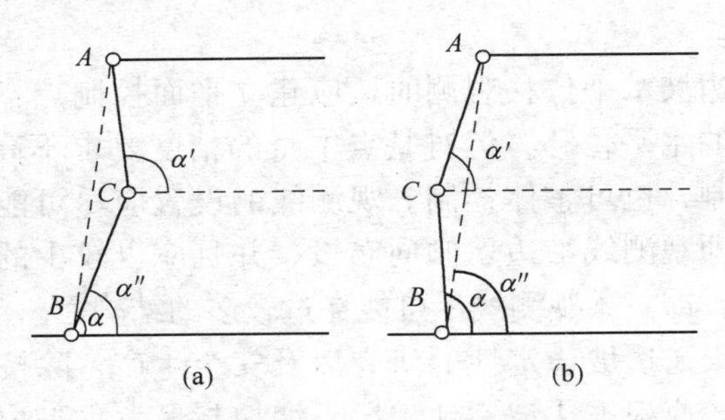

图 12－4　最终边坡角示意图

（a）凹形边坡；（b）凸形边坡

3. 边坡检测结果示意图

边坡参数测定后除了填写检测记录表外，还要绘制示意图。示意图分为平面图和剖面图。

平面示意图包括检测剖面的位置和各种边坡长度。根据测量的边坡参数描绘草图（单条或双条曲线）并标注所在标高和实测长度，标注选定的检测剖面并编上号。平面示意图可不要比例尺，但要标上方位。剖面示意图能形象反映检测剖面所在的边坡形状，上下关系等，可供分析时参考。

（二）边坡岩体构造和边坡移动的观测

1. 边坡岩体构造的观测

主要观测项目有：已被开采揭露的断层、层理等构造的特征、产状是否与基础资料一致，各种岩石的分布及接触关系，边坡岩体主要构造与边坡的关系，边坡岩体优势结构面的类型、性质、产状、分布特征及连续性、密集度等。

对于观测到的对边坡稳定可能有影响的优势结构面，除了查明情况外还要绘制草图，反映优势结构面在采场的位置及与边坡的关系。

2. 边坡移动的观测

观测工作包括大面积岩体移动观测、边坡表面或钻孔内局部岩体位移观测及地音监测等。一般采用的方法是在边坡的某些关键部位设置观测点、观测线，应用钢尺、水准仪、经纬仪等测量边坡岩体的位移量。

在进行边坡水平位移观测时，应建立平面控制点，以便准确地测定工作点的水平位移，但对基点本身的精度要求不高。因此，基点可分散控制，也可整体控制。观测线的设置应尽可能与最大位移方向一致，即观测线沿边坡倾向布设，并且应以较少的观测线控制较大的地段，即一条观测线尽可能穿过较多的结构面。

为了露天矿边坡稳定性的研究以及安全生产，除按勘探线布设工作点外，还应根据边坡实地情况，增加与最大水平位移方向一致的观测线。工作点既可作水平位移观测点又可作垂直位移观测点，采取一点两用。测点标石采用混凝土预制，标石与边坡固结，随坡动而动。

边坡岩石移动的观测，是一项长期的工作，而且随着采剥工作的下降，岩移几何观测显得更为重要。尤其是垂直位移观测，可采用较精密的水准仪进行垂直位移的观测，允许误差在4mm以内。当工作点垂直位移超过4mm以上时，才可判断发生了垂直位移。实际上工作点的微量移动主要靠水准测量来发现。平面位移观测只能起检查作用，但在工作点移动较大的情况下，平面位移观测结果也能定量说明位移的大小和方向。

根据观测结果及资料的分析整理，按实际需要，可绘制观测点位移向量图、位移速度图、位移量随时间的变化图、滑坡区平面图等。根据图形和资料可对滑坡进行预测预报。

（三）采剥工作面违章开采情况的检测

违章开采现象主要在生产边坡上出现，它对边坡稳定有一定的影响。违章开采主要是指生产边坡上存在严重的超坡度开采，形成伞檐形、阴山坎、空洞等。

伞檐形边坡是指掏底开采造成边坡底脚挖空，而顶部岩体外倾悬浮，形如撑开的雨伞。阴山坎是采剥工作面某些地段被超挖开采，形成局部凹形，上部岩石前倾。空洞是指在采剥工作面上掏采后形成洞状，是阴山坎的进一步发展。

在观测中发现采掘工作面存在违章开采现象，要对其部位进行简单测定。测定内容包括违章开采所在的位置、范围大小、掏空的深度或岩体前倾的角度等。根据测定的数据和边坡形状，可绘制违章开采平面和剖面示意图。

四、检测资料的分析及结论

(一) 检测资料的分析

边坡稳定性分析的方法有岩体结构分析法、数学模型分析法和工程参数类比法等。在边坡检测中简单实用的分析法有极限平衡分析法和参数类比分析法。

(1) 极限平衡分析法。它是一种以平衡理论为基础的数学模型计算分析法，主要根据边坡破坏面上抵抗破坏的阻力与破坏力的比值 n 来进行判定。当 $n<1$ 时，边坡为不稳定状态；当 $n=1$ 时，边坡处于极限平衡状态；当 $n>1$ 时，边坡处于稳定状态，值越大，边坡愈稳定。n 称为边坡稳定系数，对不同的岩体结构，其计算方法不同。

(2) 边坡参数类比分析法。在对现场检测的边坡参数进行分析后，可与国家规定的有关参数进行比较，来确定露天矿边坡的稳定性。在进行参数类比分析时，要注意：选择的规定参数必须与检测矿山的边坡岩体性质相符；对非正规开采的矿山，选择的规定参数要正确或基本正确，如高台阶不分层开采的边坡角可以对照台阶坡面角的下限值来考虑；对于不符合规定参数要求的某些参数要注明是局部情况还是大部分情况。

(二) 确定影响边坡稳定的因素

1. 边坡参数的影响

对边坡稳定性影响最大的边坡参数是边坡角。如果边坡角太陡则增加了边坡上部的载重，从而使得坡脚岩体所承受的压力增加，在超过一定的限度后会使坡脚岩体压碎破坏而引起边坡坍塌。边坡角太大也会增加弱结构面的滑动破坏可能性，降低边坡稳定性系数。

因此，要分析边坡角对边坡稳定的影响，应该确定稳定的边坡角。但在理论上确定稳定的边坡角既复杂又困难。比较实用的方法是与同类矿山已形成的稳定边坡角进行类比或与国家规定的边坡参数进行比较，如果实测值超过参考值或规定值，则检测矿山的边坡角就会对边坡稳定产生影响。

台阶高度也可能对边坡稳定产生影响。当边坡角为定值时，台阶高度越大则稳定性越低。同时台阶高度增加，台阶坡面上揭露的岩体增加，从而揭露的结构面增多，使得一些结构面的下端在坡面上露出，变成弱结构面。因此当台阶高度增加时，边坡角就要降低一些。

2. 优势结构面的影响

对边坡稳定性有直接影响，可能引起岩体滑落的弱结构面称为优势结构面。确定优势结构面的影响可从两个方面考虑：一是根据极限平衡分析得出的结论，确定其稳定程度；二是根据结构面的产状、特征确定是否可能发生某种类型的破坏。

在确定优势结构面对边坡稳定有影响后，还要确定其影响范围及可能产生的破坏规模等，同时应根据边坡岩体特性、地质构造特征，对爆破作业提出安全要求，以减少爆破震动对边坡的影响。

3. 违章开采的影响

违章开采一般都在生产边坡上发生，会给边坡稳定带来一定程度的影响。如果露天矿存在违章开采现象，就要对其可能影响的范围、严重程度、坍塌破坏的规模作出分析，为提出整改措施和整改期限提供依据。也可根据本地区违章开采的特点，结合以往发生的事故进行综合分析。

（三）边坡稳定性的评定

边坡的稳定程度分为两种类型：稳定型边坡和不稳定型边坡。

1. 稳定型边坡

稳定型边坡必须同时具备以下条件：

（1）边坡的各项参数基本符合国家规定。各种边坡角度必须符合规定要求，或虽然超标但与同类矿山实际边坡角度比较有可靠的依据证明对边坡稳定没有影响。台阶高度和最小工作平台基本符合规定要求，虽有个别超标但与边坡角对应分析基本不会影响边坡的稳定。表土或山坡泥按规定要求超前剥离，不影响下部的作业面安全。

(2) 岩体特征和主要结构面对边坡稳定基本无影响。通过对岩体结构特征和主要结构面的特征、产状分析或者采用极限平衡分析计算、岩体结构分析等确定主要结构面等对边坡稳定基本无影响。爆破震动和地下水的影响经过一定的控制和疏干排水等措施后，对边坡稳定基本无影响。

(3) 采剥工作面、各类边坡上均没有出现违章开采造成的不稳定状态。

2. 不稳定型边坡

出现下列情况之一的边坡为不稳定型边坡：

(1) 边坡的各项参数大部分不符合国家规定要求的。

(2) 在某个检测剖面的边坡参数中由于边坡角超过规定要求，可能引起该段边坡岩体发生坍塌破坏的。

(3) 采场上部表土层未按规定要求提前剥离，致使边坡上部坡角超过规定要求可能引起表土层倒塌现象的。

(4) 经检测分析，采场边坡岩体中存在弱势结构面可能造成边坡岩体局部破坏的。

(5) 采剥工作面存在伞檐、阴山坎、空洞等现象的。

(6) 各类边坡坡面上存在着浮石、险石，影响下部作业人员安全的。

(7) 存在其他影响因素，可能导致边坡岩体局部破坏等后果的。

第三节　不稳定边坡的治理措施

一、边坡治理措施的分类

不稳定边坡会给露天矿的生产带来极大的危害，因此矿山应十分重视不稳定边坡的监控，并及时采取合理的工程技术措施，防止滑坡的发生，从而确保生产人员和设备的安全。

我国自20世纪50年代末期开始研究不稳定边坡的治理，特别是从20世纪80年代以来，各种新的工程技术治理方法得到了有力地推广，获得了良好的效益。不稳定边坡的治理措施大体可分为四类：

（1）对地表水和地下水的治理。生产实践和现场研究表明，对那些确因地表水大量渗入和地下水运动影响而不稳定的边坡，采用疏干的方法，治理效果较好。对于地表水和地下水治理的一般措施有：地表排水；水平疏干孔；垂直疏干井；地下疏干巷道。

（2）减小滑体下滑力和增大抗滑力措施。具体方法有缓坡清理法与减重压脚法。

（3）增大边坡岩体强度和人工加固露天边坡。普遍使用的方法有：挡土墙；抗滑桩；金属锚杆；钢绳锚索以及压力灌浆；喷射混凝土护坡和注浆防渗加固等。

（4）周边爆破。爆破震动可能损坏距爆源一定距离的采场边坡和建筑物。对采场边坡和台阶比较普遍的爆破破坏形式是后冲爆破、顶部龟裂、坡面岩石松动。周边爆破技术可使能量在边坡上低集中，从而达到限制爆破对最终采场边坡和台阶的破坏。具体的周边爆破技术有：减震爆破；缓冲爆破；预裂爆破等。

边坡治理措施、作用及适用条件见表12－1。

表12－1　边坡治理措施、作用及适用条件

类型	方法	作　用	适用条件
减小下滑力，增大抗滑力	缓坡清理法	对滑体上部削坡，从而减小下滑力	滑体有抗滑部分存在才能应用；凡是可以及时调入采掘运输设备的滑坡区段均可采用
	减重压脚法	滑体上部削坡，使滑体下滑减少；同时将土岩堆积在滑体的抗滑部分，使抗滑力增大	滑体下部有抗滑部分存在，要求滑体下部有足够的宽度容纳滑体上部的岩土
增大边坡岩体强度	松动爆破破坏滑面法	以松动爆破法破坏滑面，使附近岩体的内摩擦角增大，同时使滑面上部的地下水通过松动岩体渗入稳定的滑床	滑面单一，滑面附近的岩体完整性好，排水性良好，滑坡体上部没有重要设施

续表 12－1

类型	方法	作　　用	适用条件
增大边坡岩体强度	疏干排水法	将滑坡体内及附近地下水疏干，从而提高岩体的内摩擦角和黏结力	边坡岩体中含水率高，而滑床岩体的渗透性不好
	切断弱面回填法	用机械切断弱面，并立即回填以切断滑面的连续性，回填土岩的内摩擦角大于顺滑面的内摩擦角	滑面单一的浅层顺层滑坡
	注浆法	浆液充填岩体中的裂隙，加强整体性并使地下水没有活动的通道	岩体较坚硬，有连通裂隙，且地下水对边坡影响严重的边坡区段
人工建造支挡物	抗滑柱柱挡法	柱体与柱周围的岩体相互作用，将滑体的下滑力由柱体传递到滑面以下的稳定岩体	滑面较单一，滑体完整性较好的浅层和中厚滑体
	锚索(杆)加固法	对锚索（杆）施加预应力，增大滑面上的正压力使滑面附近的岩体形成压密带	有明确的滑面，特别是深层滑坡
	挡墙法	在滑体的下部修建挡墙，以增大滑体的抗滑力	滑体松散的浅层滑坡，要求有足够的施工场和材料供应
	超前挡墙法	在滑体的滑动方向上预先修筑人工挡墙	一般在山坡排土场的下部应用

二、疏干排水法

（一）地表排水

一般是在边坡岩体外面修筑排水沟，防止地表水流进边坡岩体表面裂隙中。排水沟要求有一定的坡度，一般为0.5%；断面大小应满足最大雨水时的排水需要；沟底不能漏水；要经常维护好水沟，不让水沟堵塞。

边坡顶面也应有一定的坡度，使边坡顶部不致积水。在具有较大张开裂隙的边坡，该地降雨量又多时，除了开沟引水外，还必须对裂隙进行必要的堵塞，深部宜用砾石或碎石充填，裂隙口宜用黏土密封。

（二）地下水疏干

地下水是指潜水面以下饱和带中的水。对于地下水可采取疏干或降低水位的方法，减少地下水的危害，这样既可提高现有边坡的稳定性，又可使边坡在保持同样稳定程度的情况下加大边坡角。地下水的疏干应在边坡不稳定发展之前进行，必须详细收集有关边坡岩体的地下水特性及其分布规律的资料。

地下水的疏干有天然疏干和人工疏于两种。当露天开采切穿天然地下水面时，地下水便向采场渗流。这样，采场就要排水，边坡内的水位降低造成天然疏干。由于岩体中的裂隙不通达边坡表面，因而仅依赖于天然疏干是不够的，还必须配合人工疏干，才能达到预期的目的。疏干系统的规模与欲疏干边坡的规模有关，其效率与它穿过的岩体不连续面的数量有关。具体的疏干方法要依据总体边坡高度、边坡岩体的渗透性以及经济与作业等因素确定。

1. 水平疏干孔

从边坡打入水平或接近水平的疏干孔，对于降低张裂隙底部或潜在破坏面附近的水压是有效的，水平疏干孔的位置和间距，取决于边坡的几何形状和岩体中结构面的分布。在坚硬岩石边坡中，水一般沿节理流动，如果钻孔能穿过这些节理，则疏干效果会很好。

水平疏干孔的主要优点：施工比较迅速，安装简便，靠重力疏干，几乎不需要维护，布设灵活，能适应地质条件的变化。

缺点：疏干影响范围有限，且只有在边坡形成后才能进行。

2. 垂直疏干井

在边坡顶部钻凿竖直小井，井中配装深井泵或潜水泵，排除边坡岩体裂隙中的地下水，是边坡疏干的有效方法之一。在岩质边坡中疏干井必须垂直于有水的结构面，以利于提高疏干效果。在坚硬岩体中，大部分水是通过构造断裂流动的。

垂直疏干井与水平疏干孔相比，其主要优点是：它们可以在边坡开挖前安装并开始疏干；而且不论什么时候安装，这种装置均不与采矿作业相互干扰。采矿前疏干可能有较大好处，因为在某些情况下，疏干井抽水费用可能由于爆破及运输费用的降低而得弥补。抽出的水常常是清洁的，可用于选矿厂或其他方面。

3. 地下疏干巷道

在坡面之后的岩石中开挖疏干水源巷道作为大型边坡的疏干措施，往往在经济上是合理的。对于大型边坡，由于钻孔的疏干能力有限，很可能需要打大量的钻孔。而一个给定的边坡，通常只需要一条或两条水源疏干巷道。

有关研究认为，疏干平巷设在边坡构成的平行四边形的角部比较合理，如图 12－5 所示。

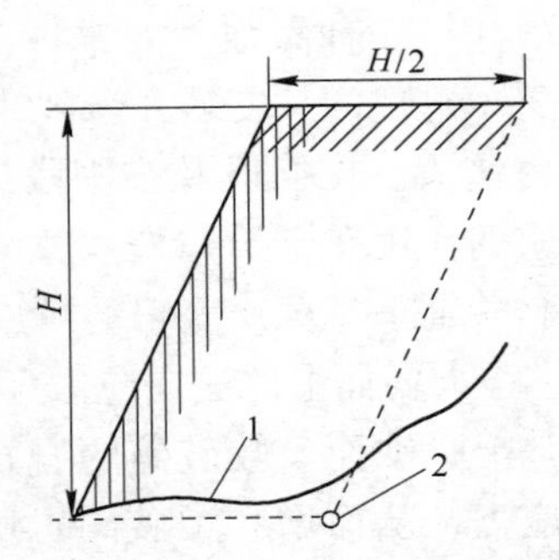

图 12－5　地下疏干巷道的布置

1—疏干时的潜水面；2—疏干巷道

与水平疏干孔和垂直疏干井相比，疏干巷道的优点是：

（1）由于它的横断面积较大，能与含水裂隙产生良好的水力联系，所以它有较大的疏干能力，这种潜力还可以通过增补辅助钻孔得以扩大。

（2）由于通常利用重力疏干，所以长期使用时比较可靠。

（3）疏干巷道可以与采场边缘的矿石评价相结合，为确定岩性和疏干性能提供了很好的场地。

（4）几乎不与边坡表面的任何工作发生干扰。

（5）它们比较适合于地下作业。因为疏干系统可布置在垂直方向渗透性较好的岩石中，例如有大量的垂直节理存在，巷道疏干是有效的。而在水平层状沉积岩中，则主要是水平渗流，并将会产生绕过疏干巷道的流动，在此情况下，从巷道向上打辅助的垂直孔，拦截水平渗流，可改善疏干效果。

三、机械加固法

机械加固边坡是通过增大岩石强度来改善边坡的稳定性。采用任何加固方法都要进行工程与经济分析，以论证加固的可行性和经济性。只有当稳固边坡的其他方法诸如放缓边坡角或排水等都不可行或代价更高时，才考虑机械加固法。

（一）用锚杆（索）加固边坡

用锚杆（索）加固边坡是一种比较理想的加固方法，可用于具有明显弱面的加固。锚杆是一种高强度的钢杆，锚索则是一种高强度的钢索或钢绳。锚杆（索）的长度从几米到几百米不等。

锚杆（索）一般由锚头、拉伸段及锚固段三部分组成。锚头在锚杆（索）的外面，它的作用在于给锚杆（索）施加作用力。拉伸段在孔内，其作用在于将锚杆（索）获得的预应力（拉应力）均匀地传给锚杆孔的围岩，增大弱面上的法向应力（正应力），从而提高抗滑力。另一方面，对于坚硬而又较破碎的岩石，锚杆的拉应力可使锚杆孔围岩产生压应力，从而增大了破碎岩块间的摩擦阻力，提高了围岩的抗剪强度。对于非预应力锚杆，只有在安装完后锚杆受拉时，才能将应力均匀地传给围岩。锚固段在锚杆（索）孔的孔底，它的作用在于提供锚固力。

（二）用喷射混凝土加固边坡

喷射混凝土作为边坡的表面处理，可以及时封闭边坡表层的岩石，使其免受风化、潮解和剥落，同时又可以加固岩石提高岩石的强度。喷射混凝土可单独用来加固边坡，也可以和锚杆配合使用。对边坡进行喷射混凝土时，其回弹量的大小主要决定于喷射手的技术和是否加入速凝剂。喷层的厚度一般约为 10cm。为了提高喷射混凝土的强度，特别是提高抗拉强度和可塑性，可加设钢筋网。有时也可以在喷射混凝土干料中加入钢丝或玻璃纤维以提高其抗拉强度，称为钢丝纤维补强混凝土。

（三）用抗滑桩加固边坡

用抗滑桩加固边坡的方法，已在国内外广泛应用。抗滑桩的种类很多，按其刚度的大小可分为弹性桩和刚性桩；按其材料可分为木材、钢材和钢筋混凝土，钢材可采用钢轨或钢管。一般多用钢筋混凝土桩加固边坡，其中又分大断面混凝土桩和小断面混凝土桩。前者一般用于破碎、散体结构边坡的加固和层状结构边坡的加固，而后者一般用于露天矿边坡加固。

抗滑桩加固边坡的优点较多，如布置灵活、施工不影响滑体的稳定性、施工工艺简单、速度快、工效高、可与其他治理的加固措施联合使用、承载能力较大等。因此该方法在国内外露天矿边坡加固工程中被广泛地应用。

（四）用挡土墙加固边坡

挡土墙是一种阻止松散材料的人工构筑物，它既可单一地用作小型滑坡的阻挡物，又可作为治理大型滑坡的综合措施之一。挡土墙的作用原理是依靠本身的重量及其结构的强度来抵抗坡体的下滑力和倾倒。因此，为了确保其抗滑的效果，应注意设置挡土墙的位置，一般情况下，挡土墙多设在不稳定边坡的前缘或坡脚部位。在设计与施工中，必须将墙的基础深入到稳固的基岩内，使其深部保持有足够的抗滑力，确保滑体移动时，挡土墙不致产生侧向移动和倾覆。有时，开挖挡土墙基础要破坏部分滑体，因而会促使滑体的滑动，这就要求边挖边砌，分段挖砌，加快施工速度。

（五）用注浆法加固边坡

它是通过注浆管在一定的压力作用下，使浆液进入边坡岩体裂隙中。一方面用浆液使裂隙和破碎岩体固结，将破碎岩石黏结为一个整体，成为破碎岩石中的稳定固架，提高围岩的强度；另一方面堵塞地下水的通道，减小水对边坡的危害。要使注浆能达到预期效果，注浆前必须准确了解边坡变形破坏的主滑面的深度及形状，以便使注浆管下到滑面以下有利的位置。注浆管可安装在注浆钻孔中，也可直接打入。注浆压力可根据孔的深度和岩体发育程度等因素确定。

四、周边爆破法

目前矿山广泛采用高台阶、大直径炮孔和高威力炸药，有效地降低了采矿成本。但这些措施也会造成爆破区能量集中，以致引起最终边坡的严重后冲破裂问题。如果对后冲破裂作用不加以控制，最终势必要降低采场边坡角，随之造成剥采比增加的不经济效果。此外，还将产生更多的坡面松动岩石，使设计的安全平台变窄、失效或并段，使工作条件恶化。虽然可以采取一些补救措施，诸如大面积地撬浮石，使用钢丝网或其他人工加固措施，但价格昂贵，且难以实现。考虑大型爆破节省的资金与维护边坡质量花费的资金之间的平衡，最后得出最好的解决方法是控制爆破的影响，即采用控制爆破，以便不损坏边坡岩石的固有强度。

露天矿山通常采用的控制爆破方法有减震爆破、缓冲爆破、预裂爆破和线状排孔。设计这些方法的目的是使露天矿周边边坡每平方米面积上产生低的爆炸能集中，同时控制生产爆破的能量集中，以便不破坏最终边坡。通过采用低威力炸药、不耦合装药与间隔装药、减小炮孔直径、改变抵抗线和孔距等方法，可以实现最终边坡上的低能量集中。

1. 减震爆破

减震爆破是最简单的一种控制爆破方法。这种方法通常与其他某种控制爆破技术联合使用，诸如预裂爆破等。减震爆破是控制爆破中最经济的一种，因为它缩小了爆破孔距。减震孔的抵抗线应当为邻近的生产爆破孔排的0.5~0.8倍。减震爆破服从的一般法则是抵抗线不超过孔距，通常采用抵抗线与孔距之比为0.8。如果比值过大，就可能产生爆破大块，并在爆破孔周围形成爆破漏斗。如果药包受到过分的约束，就不能破碎到自由面。如果孔距过大，每对爆破孔之间就可能保留凸状岩块在坡面上。

减震爆破只有在岩层相当坚硬时才单独使用。它可能产生较小的顶部龟裂或后冲破裂，但其破坏程度较之根本不采用控制爆破的生产爆破要低。

2. 缓冲爆破

缓冲爆破是沿着预先设计的挖掘界线爆裂，在生产爆破孔爆破之后起爆这些缓冲爆破孔。缓冲爆破的目的是从边帮上削平或修整多余的岩石，以提高边坡的稳定性。

为了取得最佳的缓冲效果，全部缓冲爆破孔应该同时起爆。在坚硬岩石中，抵抗线与孔距之比应为0.8～1.25；在非常破碎或软弱岩石中，该比值应为0.5～0.8。沿预先设计的挖掘线呈线状少量装药并起爆，削掉多余的岩石。爆破孔直径一般为10～18cm，孔距为1.6～2.4m，可以通过低密度散装药达到装药量的降低，从而相应地改善这种方法的经济效果。在坚硬岩石中，这种方法爆破后暴露的边坡面平滑整洁，且残留孔痕明显可见。

3. 预裂爆破

预裂爆破是最成功、应用最广泛的一种控制爆破方法。它是在生产爆破之前起爆一排少量装药的密间距的爆破孔，使之沿设计挖掘界线形成一条连续的张开裂缝以便散逸生产爆破所产生的膨胀气体。减震爆破孔排可用来使预裂线免受生产爆破的影响。预裂爆破的目的是对特定岩石和孔距，通过特殊方式的装药，使孔壁压力能爆裂岩石，但又不超过它们原位动态抗压强度，不使爆破孔周围岩石发生压碎。因为大多数岩石的爆压均大于6.8×10^{8}Pa。而大多数岩石的抗压强度都不大于4.1×10^{8}Pa，所以必须降低爆压。降低爆压可通过采用不耦合装药、间隔装药或低密度炸药来实现。

第十三讲　尾矿库事故预防

［**本讲要点**］　我国尾矿库工程概况；尾矿和尾矿废水的分类；尾矿库的设施；尾矿排放方式；尾矿库址选择因素；尾矿库布置类型；尾矿库水的控制；尾矿库渗漏的控制；尾矿库险情预测；尾矿库的档案工作；尾矿坝的安全治理；尾矿坝的抢险；尾矿库的巡检；尾矿库安全管理；尾矿库的安全评价

第一节　概　述

一、基本概念

（一）尾矿概念

尾矿是以浆体形态产生和处置的破碎、磨细的岩石颗粒，常视作为矿物加工的最终产物，即选矿或有用矿物提取之后剩余的排弃物。人们正名尾矿为排弃物，而不定义为固体废料，意在承认它可能作为资源再利用的价值。

（二）我国尾矿库工程概况

矿物原料的大规模采取，必然带来对环境的巨大撼动。全世界每年产出金属和非金属矿石、煤、石材、砂砾约 90 亿吨，而相应排弃废石和尾矿约 300 亿吨。我国现有尾矿库 1500 余座，每年排弃尾矿近 3 亿吨，需占用土地面积约 $20km^2$。由于尾矿坝稳固、废水处理、污染控制、土地恢复技术发展与矿物工业发展的不适应，其已经开始显露出或预示出潜在的环境问题，从而严重阻碍持续发展战略的实施。因此，尾矿库工程已成为各国政府、矿山企业和学术界所关注的重大问题。尾矿库是典型的安全与环境重大问题。

尾矿库工程是个大系统，包容了选厂内尾矿处理、尾矿浆浓密和输送、尾矿坝构筑、尾矿排放、防渗与排渗、防洪与排洪、水循环、废水处理与污染控制、库区土地恢复与植被、尾矿库监测与管理等子系统；容集了尾矿库系统内部（尾矿与尾矿废水）、尾矿库系统与环境之间（渗漏水—基础土壤—地下水或地表水体）复杂的物理、化学、生物地球化学反应和溶质迁移过程；涉及了尾矿库设计、基建和运营、闭库和土地恢复以及后期污染治理等工程问题；反映出岩土工程问题与环境工程问题的相互交织、渗透、一体化和时空广大的工程特点。而孤立地解决坝体结构和安全问题，或者孤立地评价尾矿库区生态环境破坏问题，都不可能从总体上认识尾矿库工程的内在关联和实现尾矿库工程的最优化。实际上，闭库后若干年的生态环境控制应从矿石入选工艺的改进开始。基于系统工程的思想，把尾矿库的岩土工程结构、环境影响、尾矿管理融汇一起，比较系统、完整地根据这些特点及相关控制因素的相互作用，搞好尾矿库工程，是非常有意义的。

由于人类环保意识的增强和安全、健康要求的提高，尾矿库工程管理的主要目标是以最小的代价，采用最实用技术，达到尾矿库的物理稳定、化学稳定和生物地球化学稳定，使尾矿在长期堆置过程中基本上不受风化作用的影响，使排放废水达到水质标准。而要实现这一目标，在我国，由于尾矿库设计与管理的特定历史背景，以及缺乏有效的知识创新体系，许多基础理论研究工作和新技术开发工作只能艰辛地向前推进。

我国和南非多采用上游坝，成功地构筑了许多大型高坝，积累了丰富的设计经验，政府部门也很重视。国家安全生产监督管理总局2006年实施了《尾矿库安全技术规程》（AQ2006—2005），比较全面地记录和反映了我国目前尾矿库工程建设的技术与管理水平。然而，由于种种原因，尾矿库工程灾害频频发生，造成了惊人的人员伤亡和财产损失。为了保证尾矿库工程技术的不断进步，就必须严格执行有关规定，开展尾矿库工程的系统研究，不断接纳当代最新科技成果，不断提高尾矿库工程质量。因为，只有最大限度地增强尾矿库工程的科技含量，才能最大限度地保证尾矿库工程的安全，只有实现《尾矿库安全技术规程》与技术进步的同步、设计过程与最新科技成果的结合、结构问题与环境问题的一体化、工程管理与政府行为的协调，才建设出反映时代技术特征的最优尾矿库工程。

二、尾矿的分类

不仅各种矿石的尾矿有很大变化，就是同一种矿石也因矿体赋存、性质和选矿方法不同而有很大差异，很难系统归纳。现仅据尾矿的基本物理特性将其分作四类：

（1）软岩尾矿。软岩尾矿主要由页岩型矿石产生，包括细煤废渣、天然碱不溶物等。这些尾矿尽管包含一定数量的砂质颗粒，但尾矿泥的黏土性质从总体上显著地影响尾矿的物理性质和状态。

（2）硬岩尾矿。硬岩尾矿主要包括铅锌、铜、金、银、铝、镍、钴、锡、铬、钛等类型矿石。尾矿以砂质颗粒为主，虽然尾矿泥占很大比例，但因源于破碎的母岩而非黏土，故在总体上不能对尾矿性态起到控制性的影响。

（3）细尾矿。细尾矿含很少或不含砂质颗粒，包括磷酸盐黏土、铝土矿红泥、铁细尾矿、沥青砂尾矿中的矿泥。这些矿泥的特性对这类尾矿的性态起着支配作用，它们需要非常长的时间沉淀和固结，极为软弱，可能需要很大的库容。

（4）粗尾矿。从总体上讲，这类尾矿的特性受相当粗砂颗粒所决定，就石膏尾矿而论，则受无塑性粉砂所决定。这种类型尾矿包括沥青砂的粗粒尾矿、铀矿、石膏、粗铁尾矿和磷酸盐砂尾矿。

因为同一类别尾矿库具有大体相近的物理特性，因此，也可能具有大体相近的排放问题。这样，在对所要处理的一种尾矿缺少实际资料的情况下，尾矿的类别也可能提供有益的参考。此外，对于特定的选厂，磨矿工艺的变化可能产生大量的细粒尾矿，从而改变尾矿的类属，并引起新的排放问题。然而，必须承认，上述分类只反映各种尾矿类型的总体物理特性和工程行为，而在某些场合，化学特性和环境因素可能远比物理特性重要。

三、尾矿废水的分类

从综合工程意义上讲，尾矿库设计不是由固体物性质决定的，而是由废水性质决定的，因此，不能单独地考虑尾矿的物理性质，还需全面了解尾矿废水的化学性质，这样才能系统地阐明尾矿库工程的风险水平。

浮选和溶浸都可能使矿石化学变性。在浮选过程中添加各种有机化学药品，如脂肪酸、油和聚合物，因为它们一般浓度较低，毒性较低，污染意义不大。然而浮选中 pH 值调节可能对选矿废水和无机成分产生重大影响，如果实行酸性或碱性溶浸，则会加重这种影响。矿石中现有的化学矿物成分，是决定选矿废水化学性质的最重要因素，选矿中 pH 值调节可能从母岩中解离出许多组分，因此，pH 值往往是选矿废水成分的有效指示器。现依据 pH 值将尾矿废水分作三类：

（1）中性废水。简单的洗选和重选作业可造成这种条件，其 pH 值没有显著变化，废水中的化学成分主要限于母岩中以中性 pH 值可溶解的那些成分。硫酸盐、氯化物、钠和钙的浓度可能略有提高。

（2）碱性废水。废水 pH 值提高也可能导致硫酸盐、氯化物、钠和钙的浓度提高。虽然存在某些金属污染物，但常常不出现很高浓度的阳离子重金属的广泛活动。

（3）酸性废水。降低 pH 值提高了许多金属污染物的平衡水平，酸性溶浸的废水可能显示出像铁、锰、镉、硒、铜、铅、锌和汞这样阳离子成分的高含量。酸性废水也显示出硫酸盐和（或）氯化物这些阴离子浓度的提高。

此外，还有专门性废水类型。酸性和碱性溶浸铀可能解离出放射性镭（Ra－226）和钍（Th－230）。如果废水要从尾矿库中排出，则必须强行采用石灰中和和（或）氯化钡共沉淀方法使镭（Ra－226）浓度降低到较低水平。

如果溶浸金－银或浮选铅和钨，氰化物则是有毒成分。氰化物较不稳定，在有氧存在的情况下，很快蜕变成低毒性氰化物形式。氰化物自然蜕变的机理有酸化作用、空气中 CO_2 吸收和挥发作用、光分解、氧化作用和生物分解作用，这些过程最终使尾矿库废水中氰化物浓度降低，但可能需要相当长的时间，这取决于氰化物的浓度水平。

还有一种含砷毒性废水。在砷与矿石共生的场合，选矿过程使砷解离在废水中，对于含金的砷黄铁矿，一定要先通过焙烧除砷，以便有效地浸出，然后排放到适当地点，最好不排进尾矿库。

四、尾矿库设施

尾矿设施通常由以下四部分组成：

（1）尾矿水力输送系统。包括尾矿浓缩池、尾矿输送管槽、砂泵站和尾矿分散管槽等，用以将选矿厂排出的尾矿浆送往尾矿库堆存。

（2）尾矿回水系统。包括回水泵站、回水管道和回水池等，用以回收尾矿库或浓缩池的澄清水，送回选矿厂供选矿生产重复利用。

（3）尾矿堆存系统。一般常简称为尾矿库，包括库区、尾矿坝、排洪构筑物和坝的观测设备等，用以储存选矿厂排出的尾矿。

（4）尾矿水处理系统。包括水处理站和截渗、回收设施等，用以处理不符合重复利用或排放标准要求的尾矿水，使之达到标准。实际上，在尾矿处理工艺过程的选择、设计和优化过程中，必须充分考虑到尾矿库工程的经济、能源和环境等因素，重点解决矿石特性、选矿前景、可能的浸出率、预计溶浸中的杂质、要回收的金属种类、可能的提纯工艺、可能的副产品、环境约束、能源需求量、侵蚀和总费用等问题。

第二节 尾矿排放方式

尾矿排放方式主要包括地表排放、地下排放和深水排放三种。另外，目前部分矿区积极利用尾矿，变害为利，将尾矿作为散状填料或原材料，实际上也是一种最积极的尾矿处理方式。

尾矿排放规划不仅要规划尾矿的自然性质和场地的工程性质，还要选择适宜的排放方法。地表排放是目前最普遍使用的排放方法。由于经济条件、技术条件和管理条件的发展，必将产生更实用的、更有创新性的排放方法。

一、地表排放

按一般概念，尾矿的地表排放是采用某种类型堤坝形成拦挡、容纳尾矿和选矿废水的尾矿库，使尾矿从悬浮状态沉淀下来形成稳定的沉积层，使废水澄清再返回选厂使用。因尾矿排放浓度及与之相应坝型的差异，地表排放方式有挡水坝、上升坝、环形坝和干处置。

（一）挡水坝

尾矿排放用的挡水坝是在开始向尾矿库排放之前一次性地按全高构筑的坝。筑坝材料通常取用各种天然土。挡水坝包括不透水心墙、排水带、渗滤层和上游堆石。可依据普通土坝技术进行渗滤层、内部渗流控制和坡度设计，但因尾矿坝上游边坡不经受陡然的水位下降，故可采用陡于普通蓄水坝的上游坡度。

挡水坝适用于蓄水要求高的尾矿库，例如暴雨径流流入量大的尾矿库，或者因选矿工艺的制约限制尾矿废水再循环的场合，或者尾矿沉淀需要大的储水容积和蒸发面积的场合，或者为控制尾矿废水污染当地水系的场合。

挡水坝因建库地势不同可分山谷坝和环形坝。山谷坝是在山谷排泄区起始段跨过山谷筑坝，通常坝内设不透水心墙，库底铺不透水垫层。

从工程角度看，挡水坝适用于任意类型和级配的尾矿，适用于任意排放方法，抗震性能较好，坝体一次筑成无升高速度的限制，防渗性能要求较高，筑坝成本较高。

（二）上升坝

地表尾矿库使用最普遍的是上升坝，它与挡水坝不同，是在尾矿库整个服务期间分期构筑的坝。首先构筑初期坝，初期坝坝高设计一般考虑尾矿库使用头 2 ~ 3 年的尾矿产量以及适当的洪水流入量。随后按照预定的尾矿上升高程、库中允许洪水蓄积量齐步并升。上升坝采用来源广的建筑材料，包括天然土、露天和地下开采的废石、水力沉积或旋流尾矿砂。

上升坝的优点很明显，主要是：

（1）由于是在尾矿库整个服务期间分配建设费用，故初期工程费用低，只是初期坝构筑所必要的成本。在较长时间内间隔支出将使贴现的总成本降低并取得较大的现金流量收益。

（2）由于不必在筑坝初期一次性备齐筑坝材料，在筑坝材料的选择上可有很大的灵活性。如果在采选期间，坝体上升与其生产率同步，则采矿废石或尾矿砂可以提供理想的筑坝材料。在不能取得适合的天然土的某些场合，则可能必须利用矿山废石筑坝，更何况即便有适合的天然土可用，废石也要处置，在运输距离不过长的情况下，除了发生一定数额的压密费用外，材料是“免费”提供的。

依据坝体上升过程中坝顶线相对于初期坝位置的移动方向，上升坝可分作三类：上游坝、下游坝和中心线坝。我国和南非主要采用上游坝。

（三）环形坝

环形坝结构与山谷坝类似，外周坝设不透水心墙，库底铺不透水垫层。环形坝建在平坦地段，因此在地形上不像山谷坝那样严格约束，比较灵活，适于靠近采场和选厂选址，以便于利用废石筑坝和降低尾矿运送成本。但因坝长，需要大量筑坝材料，同时也增大了风蚀的可能性和坝体破坏的风险。

（四）干处置

尾矿以固体形式干处理就是在尾矿沉淀之前，通过带式过滤机把水从中排出，形成干尾矿，从而减少尾矿废水的渗漏。

带式过滤在法国和南非已广泛应用，后成为欧洲某些铀矿选矿流程的组成部分。带式过滤工作原理简单，随着尾矿在合成橡胶支托的过滤编织带上移动，采用真空装置从尾矿中汲取液体，使尾矿含水量从约50%降低到20%～30%，处理成“干饼”状堆放。

尾矿带式过滤的经济效果、可行性目前存在很大争议。磨矿工艺和石膏含量等因素都影响过滤效果，高黏土含量的矿石根本不能采用这种方法。带式过滤的基建费和作业费都很高，只有作为选矿作业的一部分，而不是附加的脱水流程才是合理的。

由于尾矿基本上呈固体形式处置，所以土地恢复可与尾矿处置同时进行，有很大优点。但固体尾矿20%～30%含水量可近乎使原位孔隙率下尾矿饱和，与普通浆体排放的尾矿库相比，渗漏量的减少在很大程度上取决于基础材料的渗透性，在没有垫层或低渗透的基础材料情况下，饱和尾矿的渗漏仍会很大。

二、地下排放

虽然地表尾矿库是最广泛应用的尾矿排放方法，但长期以来，地下采矿采用尾矿砂充填采空区以支护岩层，客观上也起到了减少尾矿的地表处理量的作用。近些年来，由于地表排放的成本和环境管理规程压力的增大，地下排放正被日趋视作正规的排放方案。特别是在所排放尾矿属惰性、无潜在危险的场合，地下排放更有突出优点。因此而产生单纯以处置尾矿为目的的地下排放，包括地下矿山充填、露天矿坑排放和专门掘坑排放。地下排放的方式对地下水系的影响也使其应用受到限制。

三、深水排放

世界上大部分尾矿沉积在陆地上，尾矿库废弃后再进行土地恢复，但人们总是关注尾矿库污染物向环境、地下水和水源地渗流的长期效果。另一种方法是把尾矿泵入深湖或近海，但因环境生态问题的争议而一直未普及应用。深湖和近海排放的主要特点是：

(1) 尾矿上面的水位形成一个理想的输氧障，从而抑制硫化物的生成酸反应；

(2) 减少了细菌出现，有助于防止氧化；

(3) 节省了昂贵的尾矿库建设费用；

(4) 如果这种排放在环境上允许，深湖或近海排放少占土地，具有美化环境的优点。

第三节 尾 矿 库

一、尾矿库址选择因素

尾矿库址选择是影响尾矿库设计的最重要因素。每个可能的备选库址都有一定的优点和缺点，必须与采选作业一起考虑加以选择，选矿工艺类型直接决定尾矿库区的类型和库址选择。尾矿库系统设计目标是：采用当前最先进的科学技术封储尾矿，以使未来的污染物释放率最小，最好在无需监测和维护条件下满足长期储积尾矿的需要。但在尾矿库选择和设计中，最麻烦、最困难的是尾矿中特殊矿物的化学特性可能造成的潜在环境问题。例如，硫化物或贱金属可能在50年时间内造成环境问题，而铀尾矿、放射性核素可能在数百年内渗入环境造成污染问题。

尾矿库址选择最常用的方法是筛选，即把若干个约束因素加到数个适当的可能的库址地，逐渐剔除，最终确定出最佳的尾矿库址。这些约束因素主要有：相对选厂的距离和高程、地形、水文、地质、地下水、岩土材料、尾矿性质等。

二、尾矿库布置类型

（一）环型尾矿库

在没有天然凹地的平坦地区，最适合采用环型尾矿库。这种布置方案，相对于其库容量而言，其所用筑坝材料数量较大。由于尾矿库全封闭，所以消除了来自外部的地表径流量，汇水仅是尾矿库表面直接降雨量。环型尾矿库一般按规则几何图形布置，因此便于采用任意类型垫层。这种尾矿库可以分块并依序构筑和排放，因为渗流量与发生渗流面积成正比，故可以显著地降低渗流量，同时可以进行土地恢复，延迟建设费用。缺点是需要大量筑坝材料，大约比单一尾矿库所需量多50%左右。

（二）跨谷型尾矿库

跨谷型尾矿库是由尾矿坝跨过谷地两侧拦截成尾矿库，布置形式近乎同于普通蓄水坝，可分为单一尾矿库和多级尾矿库，因适用性广泛而为世界所普遍接受。跨谷型尾矿库应尽可能靠近流域上游布置，以减少洪水流入量。在采用多级型尾矿库时，最上级尾矿库因容积而负担洪水压力大，需要精心控制地表水。通常采用山坡引水沟汇集正常条件下径流量，但因谷地坡度较陡可以环库布设大型截洪沟，最好采用蓄积、溢洪或在库上游用控水坝分隔方法处理水径流。

（三）山坡型尾矿库

山坡型尾矿库布置，库区三面采用尾矿坝封隔，因此所需筑坝材料量一般比跨谷型布置多。在适于跨谷型布置但不切割排泄水系的场合，例如在山前冲积平原上，或者在切割排泄水系会使汇水面积过大的场合，可以采用山坡型尾矿库。其最适宜的山坡坡度是小于10%，坡度较陡时，筑坝材料量相对于储积尾矿量增加过大，如果采用多级坝，上级坝体积占下级库容的比例很大。

（四）谷底型尾矿库

谷底型尾矿库兼顾跨谷型布置与山坡型布置的特点，因为是两面筑坝，所需筑坝材料量亦介于跨谷型和山坡型之间。谷底型尾矿库往往采用多级形式，随着谷底升高，一个压一个地“叠堆”尾矿库，最终达到较大的总库容。

因为谷底型尾矿库多位于较窄的山谷地，往往需要越过原河槽布置，因此，必须绕库设置引水渠道，以疏导最高洪峰流量。如果没有足够的空间布置渠道，则需以很高的代价在山谷坡面岩石中开挖较大宽度的渠道。当然，开挖的石料可用作初期坝材料。此外，为防止在预计洪水条件下外坝面发生高速渗流，需要在坝体逐渐升高过程中连续地抛石维护坝下游面。

三、水的控制

地表尾矿库设计中一个非常关键的问题就是要使所需处理的水量与坝型相适应。为此，在规划的早期阶段，必须预计排入尾矿库的尾矿固料量、选矿废水、降水量和径流流入量，并考虑适当的水控制方法。

地表水控制措施的正确设计对坝体抗洪安全性是十分重要的。经验表明，有些尾矿坝可能经受住边坡破坏、渗流引起的破坏，甚至局部液化，但几乎没有能幸免于防洪措施不当所引起的漫坝破坏。库水漫过坝顶之后，尾矿坝遭受快速下切侵蚀，很短时间即可完全溃坝。

尾矿坝的水文分析方法和水力结构物设计方法基本上与普通蓄水结构物相同，但其洪水设计准则和水处理方法略有别于普通水坝。

（一）正常流入量处理

在地表水处理中，首先要考虑正常流入尾矿库水的处理，即正常气候条件下正常选矿作业排入尾矿库的废水、大气降水和地表径流水。正常流入水量处理的关键是流入水量与流出水量之间的水平衡，在整个工作期间，库内水量保持相对稳定，实现平衡。

流入尾矿库的水源主要有选厂排放的水、沉积滩和沉淀池上直接降雨、尾矿库区汇水面积内的地表径流和矿山排水。降雨量不可能控制，但可以根据当地年平均降雨量作出粗略估计，如果地处山区，因高程和地势影响，实际降雨量可能变化很大。尾矿库的尾矿浆体水含量因不同作业而变化很大，按质量比，一般为50%～85%。如果已知选厂的尾矿产出率和排放浓度，就可以很容易地计算出排水量。通过提高浆体浓度（例如高浓度排放）可以在有限范围内控制尾矿废水量。通过尾矿库区选择可使地表径流量减小，但年平均径流量估计比较复杂，除受降雨因素影响外，还受土壤类型、植被和坡度的影响。特定尾矿库区的降雨和径流数据最好取自当地气象站和水文站。

为了设计有效的水控制系统，还需考察尾矿库的流出水。流出水包括选厂循环再利用水、蒸发、渗流、尾矿孔隙保有水和直接排水。

（二）洪水处理

洪水处理的规划和理论估计主要考虑降雨、融雪或两者共同作用引起的极端事件。洪水可以两种方式危及尾矿库：由于过大的入库水量造成漫坝而引起坝体破坏；通过坝体侵蚀引起坝面损坏或最终破坏。

1. 设计准则

尾矿设计洪水的选择包含一定的风险，这是由洪水可能引起的坝破坏后果、库的规模、下游经济发展程度和土地利用情况等所决定的。通用的洪水设计准则有不确定性准则（即采用概率统计方法求得重现期洪水）和确定性准则（即按照气象和气候条件确定极端洪水）。

设计洪水的量值取决于尾矿库的规模、坝高、破坏的环境、经济和伤亡后果等因素。除小型尾矿库（坝）外，大多数尾矿库要以可能最大洪水进行设计。对于风险水平低至中等尾矿库，如果随着尾矿坝升高和库容扩大能提供附加的洪水处理能力，在尾矿排放的初期，适当水平的重现期洪水亦是可以接受的。

估计可能最大洪水产生的总水量，可以在尾矿库排水区域的渗入量上累加可能最大降水求得。所以，选择适当的可能最大降水值需要掌握有关尾矿库设计的极限使用值和所设计尾矿库类型的知识。要考虑的暴雨有两种：普通暴雨和雷暴雨，前者可能产生最大的总流入量，是确定封闭型尾矿库蓄洪量的重要因素；后者可能产生较高的峰值流速，是控制溢洪道和引水渠道设计的重要因素。可能最大降水资料是由当地气象部门提供的，因为降水最容易受到库区地理因素如高程、风向、地形障碍的影响。

2. 控制方法

正如前面所指出的，洪水的主要威胁是漫坝的危险，最好是通过合理选择尾矿库址实现入库水量控制。处理洪水方法主要包括以下几种：

（1）控制洪水的主要方法是在库内蓄积洪水，就是说，尾矿库无论何时都能以充足的容积接受设计洪水流入量，而上升坝仍保持适当的超高。如果以某种保守程度确定设计洪水量，在尾矿库整个服务期限内未必能遇到如此大的洪水，即使出现设计洪水，如果处在干燥气候地区，所蓄积的径流量最终也会被蒸发掉。在其他地区，如果洪水受尾矿废水污染，则需要以适当速度加以处理和释放，但这种处理费用往往很高，有时甚至很难处理。

（2）最常用的排水方法是根据库基地形、尾矿坝升高和排洪能力需求，在库内预设一系列排水井，各排水井超过库底基础的排水涵洞排出洪水。排水井的结构尺寸和排水方式（窗口式、框架式、叠圈式、石坝块式）可根据排水能力选择和设计。

（3）有些地区，地形制约实际坝高和尾矿库容积，并兼有高降雨量和高负荷选矿废水排放量，使得尾矿库不能蓄积洪水量。在这种情况下，唯一选择是在选矿废水排入尾矿库之前进行水处理，以防混入洪水后造成污染危险。这时，洪水可以经由溢洪道排泄。有些地区，雷暴雨的可能最大降雨量决定溢洪道设计，峰值流速（而不是总流入量）是最重要的。但是，升高坝使用溢洪道很不方便，每次坝升高必须在新的坝顶标高构造新的溢洪道，这明显增加施工的成本和困难，在极端情况下，可能要改作一次建成的挡水坝。

（4）在多数场合，引水渠道适于疏导正常径流量，但也可以用作尾矿库周围排洪。

（5）露天矿山，通过废石场与采场的合理规划也能为尾矿库提供有利的水控制条件。可以把选厂和尾矿库布置在采场和废石场的下游区。如果采场位于尾矿库的排水区域内，矿坑本身的容积就可能储积最大洪水量。如果运输距离合理，可以把废石场跨过尾矿库排水区域横向布置，即在基本上不发生额外支出情况下通过废石散体实现极端洪水的导流。但采场安全防洪问题和废石场可能的泥石流危险需另作评价。

（6）与引水渠相关的一种方法是导流堤，就是在尾矿库上游，尽可能靠近尾矿库，横跨尾矿库排水区构筑导流堤。如果尾矿库处在较浅的基岩上，岩石中开挖引水渠费用太高，则非常适用这种方法。靠近导流堤的水流速可能很高，如果导流堤是采用天然土构筑的，可能需要片石护堤，当然最好采用露天开采的大块、耐侵蚀废石构筑。

（7）在非常特殊的场合，例如尾矿库处在一个狭小、缩窄的谷地，上游排水区域又很大，而陡峭的谷坡不可能在尾矿库周围采用引水渠或导流堤排洪，这时，需在尾矿库的上游构筑单独的洪水控制坝。洪水控制坝应能完全蓄积其上游排水区域的预计洪水径流量，并穿经坝下布置涵洞，以逐渐排空坝内所蓄积的水。应尽可能避免使用这种方法，因为洪水控制坝需要大量的，甚至超过尾矿坝本身的筑坝材料，而且又不能分阶段构筑，一定要在尾矿库作业之前完成，以实现预期的防洪作用。另外，掩埋式涵洞的维修也成问题，涵洞的有限寿命可能使之必须在尾矿库废弃和土地复垦之后再提供永久性水控制设施。

四、渗漏控制

随着世界性水资源和环境保护意识的提高，以及废水管理法规的健全，减少和控制尾矿库渗漏迅速成为矿山工程项目环境评价和管理评价的关键问题之一，从而推动了尾矿库渗漏控制技术的长足进步。然而，就目前而言，在尾矿管理中认识最肤浅的仍然是尾矿库渗流及其携带污染物对地下水的影响。

（一）渗漏控制目标

渗漏控制方法必须与渗漏水的化学特性和特定库区场地条件相适应。尽管有关影响污染物经由尾矿、土壤和地下水运动的某些地球化学过程、水文地质过程的研究时间还不长，还不能完全确定出渗流的特定影响，以及选择出最适于把这些影响降低到最小限度的控制方法，但是基于现有的尾矿知识和相关技术，在明确确定的控制目标下，采取适当的工程措施，仍可以实现比较经济而有效的控制。

渗漏控制的一般性规则是：不是所有选厂废水都含有毒性组分，因矿石类型、选矿工艺和 pH 值不同，污染物范围可从毒性重金属（即镉、硒、砷）一直到相对无毒材料（诸如硫酸盐或悬浮固体物），而且，决定这些组分危害性的浓度在不同废水中变化范围很宽；含有毒性组分的选厂废水渗漏未必造成扩延的地下水污染，地球化学过程可能阻滞或控制某些组分的迁移，在降低 pH 值废水所伴生的最令人烦恼的金属离子迁移率方面也是最有效的；如果某毒性组分进入地下水域，必须根据水文地质因素、基线水质量、现时和将来预计使用的地下水资源条件确定地下水环境的最终影响，然后作出使影响最小的渗漏控制策略。

（二）垫层

为了防止渗漏和使渗漏量最小，进而使污染物释放最小，在地下水保护要求严格、选厂废水中毒性组分浓度较高的场合，常采用垫层作为渗漏控制的最后策略。垫层系统的特点是：任何一种垫层的成本都比较高，但如果条件适宜，垫层抗渗效果非常好，这主要是因为垫层在地表铺设，可以在控制条件下施工和检查；与渗流障系统和渗流返回系统相比，它不受地下条件的限制，不需考虑地下土壤、岩石性质或地下水条件，可以在任何充分干的地面上进行正常的施工，而渗流障系统和渗流返回系统的效果和施工的可行性完全决定于下部不透水层的存在和所穿过土层的性质。但是垫层必须具有耐废水化学腐蚀和各种物理破裂的性能。

实际上，垫层都会发生一定程度的渗漏，即便是合理设计、规范施工的垫层，也不能保证在整个作业期间起到所预计的作用，或者达到“零排放”。可能发生泄漏的主要原因是：合成薄膜经由缺口和接缝发生渗漏；黏土垫层如果在尾矿排放之前受干，可能产生收缩裂缝；断裂作用可能增大天然地质垫层的渗透率；垫层没有足够的柔性，经受不住应力破坏。

根据垫层材料，垫层可分为 3 类：尾矿泥垫层、黏土垫层、合成垫层（包括合成橡胶膜、热性塑胶膜、喷射膜、沥青混凝土等）。

（三）渗流障

渗流障包括截流沟、泥浆墙和注浆幕。渗流障的使用条件是：尾矿坝设有不透水心墙，而且渗流障要与心墙很好连接。显然，在没有心墙条件下，透水的渗流砂或矿山废石所筑的坝不宜采用渗流障。因此要求上升坝的渗流障必须与初期坝同时施工，以将渗流障埋设在下游型坝的上游段，中心线型坝的中心段。

（四）渗漏返回系统

渗透返回系统是将渗漏出坝外的废水汇集起来再返回尾矿库，从而消除或减少地下水中污染物迁移。返回系统作业有两种基本形式：集水沟和集水井。它们的工作原理是相同的，即作为渗漏控制的第一道防线，在尾矿坝下游把渗漏废水集中起来，再泵回沉淀池。

集水沟可以单独使用，也可辅助其他渗漏控制措施一起使用。一般地，沿坝下游坡脚附近开挖集水沟，再将渗漏水汇集到池中泵回尾矿库。其适用条件相似于截流沟。

集水井是沿坝下游打一排水井，截流受污染的渗漏水，从井内抽出，泵回尾矿库。井深应足以拦截污染溢流。集水井很昂贵，一般不为尾矿库渗漏控制所选用，但可作为补救措施，防止已污染的含水层进一步被破坏。

五、尾矿库险情预测

根据不完全统计，导致尾矿库溃坝事故的直接原因：洪水约占

50%，坝体稳定性不足约占20%，渗流破坏约占20%，其他约占10%。而事故的根源则是尾矿库存在隐患。尾矿库建设前期工作对自然条件（如工程地质、水文、气象等）了解不够，设计不当（如考虑不周，盲目压低资金而置安全于不顾，由不具备设计资格的设计单位进行设计等）或施工质量不良是造成隐患的先天因素。在生产运行中，尾矿库由不具备专业知识的人员管理，未按设计要求或有关规定执行，是造成隐患的后天因素。

尾矿库险情预测就是通过日常检查尾矿库各构筑物的工况，发现不正常现象，以判断可能发生的事故。

（1）坝前尾矿沉积滩是否已形成，尾矿沉积滩长度是否符合要求，沉积滩坡度是否符合原控制（设计）条件，调洪高度是否满足需要，安全超高是否足够，排水构筑物、截洪构筑物是否完好畅通，断面是否够大，库区内有无大的泥石流，泥石流拦截设施是否完好有效，岸坡有无滑坡和塌方的征兆。这些项目中如有不正常者，就是可能导致洪水溃坝成灾的隐患。

（2）坝体边坡是否过陡，有无局部坍滑或隆起，坝面有无发生冲刷、塌坑等不良现象，有无裂缝，是纵缝还是横缝，裂缝形状及开展宽度是趋于稳定还是在继续扩大，变化速度怎样（若速度加快，裂缝增大，且其下部有局部隆起，便是发生坝体滑坡的前期征兆），浸润线是否过高，坝基下是否存在软基或岩溶，坝体是否疏松。这些项目中如有异常者，就是可能导致坝体失稳破坏的隐患。

（3）浸润线的位置是否过高（由测压管中的水位量测或观察其出逸位置），尾矿沉积滩的长度是否过短，坝面或下游有无发生沼泽化，沼泽化面积是否不断扩大，有无产生管涌、流土，坝体、坝肩和不同材料结合部位有无渗流水流出，渗流量是否在增大，位置是否有变化，渗流水是否清澈透明。这些项目中如有不正常者，就是可能导致渗流破坏的隐患。

六、尾矿库的闭库

根据《尾矿库安全技术规程》的规定，在尾矿库使用到最终设计高程前三年应做出闭库处理设计和安全维护方案，报上级主管部门审批实施。闭库设计方案中应包括以下内容：

（1）根据现行设计规范规定的洪水设计标准，对洪水重新核定，并尽可能减少暴雨洪水的入库流量，可采取分流、截流等措施将洪流排至库外；

（2）对现存的排洪系统及其构筑物的泄流能力和强度进行复核；

（3）对现存坝体的稳定性（静力、动力及渗流）做出评价；

（4）对库区及其周围的环境状况进行本底调查并记录（重点是水及尾尘污染）；

（5）确保闭库后安全的治理方案。

尾矿库闭库必须根据闭库设计要求进行工程处理，竣工后经验收方可闭库。闭库后的尾矿库在库区范围内（不包括尾矿坝），应逐步进行植树造林工作，以利于防风及水土保持，并严禁滥伐、滥垦、乱牧。尾矿库干涸的沉积滩上，应按闭库设计的要求有计划地逐步实施土地复垦工作，使之恢复良好的生态环境和自然景观，以造福于人民。尾矿坝应设置警戒线，采取隔离措施，并设立警示牌，以防止对坝体及其坡面的人为破坏。尾矿坝外坡面应按闭库设计要求，做好排水设施及坝面防尘的维护工作。

闭库后，若发生新的情况，应按以下规定办理：库内尾矿作为资源回收利用时，必须进行开发工程设计，并报主管部门批准，同时报送当地劳动管理部门备案后方可实施；尾矿库若再次使用时，应视同新建尾矿库，需进行加高增容工程设计，报请主管部门审批，同时报请同级劳动部门审查备案。

尾矿库闭库后的资产及资源仍属于原单位所有，其管理工作仍由原单位负责。如因土地复垦等原因需要变更管理单位的，必须报请主管部门批准，并办理相应的法律手续。

七、尾矿库的档案工作

尾矿库的技术档案资料是尾矿库安全生产、维护、治理的重要依据，因此必须做好技术资料的整理归档工作。

（一）尾矿库建设阶段资料

（1）测绘资料：包括永久水准基点标高及坐标位置、控制网、不同比例尺的地形图等；

（2）工程、水文地质资料：包括地表水、地下水以及降雨、径流等资料，库区、坝体、取土采石场及主要构筑物的工程地质勘察资料及试验资料；

（3）设计资料：包括不同设计阶段的有关设计文件、图纸以及有关审批文件等；

（4）施工资料：包括开工批准文件、征地资料、工程施工记录、隐蔽工程的验收记录、质量检查及评定资料、主要建（构）筑物测量记录、沉降变形的观测记录、图纸会审记录、设计变更、材料构件的合格证明、事故处理记录、竣工图及其他有关技术文件等。

（二）尾矿库运行期的资料

尾矿库工程的特点是投入运行期即是进入续建工程施工期，如筑坝工作是利用排放出的尾矿材料自身进行堆筑，而且是边生产边筑坝。同时各主体构筑物随着尾矿库的投入运行，荷载逐年加大，各种溶蚀、冲刷、腐蚀等也随着使用时间的增长而加剧，相应的运行状态也在不断地变化。因此，运行期的技术档案观测数据及分析资料等尤为宝贵，必须认真做好档案的保存工作。

（1）尾矿库运行资料：包括正常期、汛前汛后尾矿沉积滩长度、坡度、不同位置上沉积滩的尾矿粒度分析资料，尾矿库内的正常水位、汛前水位、汛后水位、澄清水距离及水质、库内调洪高度及安全超高、交接班记录、事故记录以及安全管理的有关规定、管理细则和操作规程等；

（2）尾矿筑坝资料：包括逐年堆筑子坝前后的尾矿坝体断面（注明标高、坝顶宽度、堆坝高度、平均坝外坡比）、堆筑质量、堆坝中存在的问题及处理结果、新增库容、筑坝尾矿的粒度分析资料、坝体浸润线及变形观测资料、渗流情况（包括部位、标高、渗流量、渗水水质等）、坝外坡面排水设施及其运行情况等；

（3）排水构筑物资料：包括尾矿排水构筑物过流断面及结构强度情况、运行状态、封堵情况（方法、材料、部位），发生的问题及处理等有关文件及图纸等；

（4）其他资料：如运行发生的事故（部位、性质、形态）及处理方法、结果，环境保护及环境影响情况，运行期有关尾矿库安全管理的往来文件以及基层报表和分析资料等。

所有这些资料的原始资料应在基层单位妥为保存，复制整理的资料应在公司（矿）的管理机构中按库逐一分类保管，以便随时查找调阅。有条件的尚应建立数据库，逐步实现标准化管理。

第四节 尾矿坝的维护

尾矿坝多远离矿区，易受自然的、社会的多种不利因素的影响，其管理工作较为复杂，且难度较大，必须予以特别关注。

在尾矿坝的维护管理中，首先要严格按设计要求及有关的技术规程、规范的规定进行管理，确保尾矿坝安全运行所必需的尾矿沉积滩长度、坝体安全超高，控制好浸润线，根据各种不同类型尾矿坝特点做好维护工作，防止环境因素的危害，及时处理好坝体出现的隐患，使尾矿坝在正常状态下运行。

一、尾矿坝的安全治理

（一）尾矿坝裂缝的处理

裂缝是一种尾矿坝较为常见的病患，某些细小的横向裂缝有可能发展成为坝体的集中渗漏通道，有的纵向裂缝也可能是坝体发生滑坡的预兆，应予以充分重视。发现裂缝后都应采取临时防护措施，以防止雨水或冰冻加剧裂缝的发展。

对于滑动性裂缝的处理，应结合坝坡稳定性分析统一考虑；对于非滑动性裂缝可采取以下措施进行处理：

（1）采用开挖回填是处理裂缝比较彻底的方法，适用于不太深的表层裂缝及防渗部位的裂缝。

（2）对坝内裂缝、非滑动性很深的表面裂缝，由于开挖回填处理工程量过大，可采取灌浆处理（一般采用重力灌浆或压力灌浆方法），灌浆的浆液，通常为黏土泥浆；在浸润线以下部位，可掺入一部分水泥，制成黏土水泥浆，以促其硬化。

（3）对于中等深度的裂缝，因库水位较高不宜全部采用开挖回填办法处理的部位或开挖困难的部位可采用开挖回填与灌浆相结合的方法进行处理。裂缝的上部采用开挖回填法处理，下部采用灌浆法处理。先沿裂缝开挖至一定深度（一般为2m左右）即进行回填，在回填时按上述布孔原则，预埋灌浆管，然后对下部裂缝进行灌浆处理。

（二）尾矿坝渗漏的处理

尾矿坝坝体及坝基的渗漏有正常渗流和异常渗漏之分。正常渗流有利于尾矿坝坝体及坝前干滩的固结，从而有利于提高坝的整体稳定性。异常渗漏则是有害的。由于设计考虑不周，施工不当以及后期管理不善等原因而产生非正常渗流，可导致渗流出口处坝体产生流土、冲刷及管涌多种形式的破坏，严重的可导致垮坝事故。因此，对尾矿坝的渗流必须认真对待，根据情况及时采取措施。

(1) 造成坝体渗漏的设计方面原因有：土坝坝体单薄，边坡太陡，渗水从滤水体以上逸出；复式断面土坝的黏土防渗体设计断面不足或与下游坝体缺乏良好的过渡层，使防渗体破坏而漏水；埋设于坝体内的压力管道强度不够或管道埋置于不同性质的地基，地基处理不当，管身断裂；有压水流通过裂缝沿管壁或坝体薄弱部位流出，管身未设截流环；坝后滤水体排水效果不良；对于下游可能出现的洪水倒灌防护不足，在泄洪时滤水体被淤塞失效，迫使坝体下游浸润线升高，渗水从坡面逸出等。施工方面的原因有：上坝分层填筑时，土层太厚，碾压不透致使每层填土上部密实，下部疏松，库内放矿后形成水平渗水带；土料含砂砾太多，渗透系数大；没有严格按要求控制及调整填筑土料的含水量，致使碾压达不到设计要求的密实度；在分段进行填筑时，由于土层厚薄不同，上升速度不一，相邻两段的接合部位可能出现少压或漏压的松土带；料场土料的取土与坝体填筑的部位分布不合理，致使浸润线与设计不符，渗水从坝坡逸出；冬季施工中，对碾压后的冻土层未彻底处理，或把大量冻土块填在坝内；坝后滤水体施工时，砂石料质量不好，级配不合理，或滤层材料铺设混乱，致滤水体失效，坝体浸润线升高等。其他方面，如白蚁、獾、蛇、鼠等动物在坝身打洞营巢，地震引起坝体或防渗体发生贯穿性的横向裂缝等也是造成坝体集中渗漏的原因。

（2）造成坝基渗漏的设计方面原因有：对坝址的地质勘探工作做得不够；设计时未能采取有效的防渗措施，如坝前水平铺盖的长度或厚度不足，垂直防渗墙深度不够；黏土铺盖与透水砂砾石地基之间，无有效的滤层，铺盖在渗水压力作用下破坏；对天然铺盖了解不够，薄弱部位未做处理等。施工方面的原因有：水平铺盖或垂直防渗设施施工质量差；施工管理不善，在库内任意挖坑取土，天然铺盖被破坏；岩基的强风化层及破碎带未处理或截水墙未按设计要求施工；岩基上部的冲积层未按设计要求清理等。管理运行方面的原因有：坝前干滩裸露暴晒而开裂，尾矿库放水等从裂缝渗透；对防渗设施养护维修不善，下游逐渐出现沼泽化，甚至形成管涌；在坝后任意取土，影响地基的渗透稳定等。

（3）造成接触渗漏的主要原因有：基础清理不好，未做接合槽或做得不彻底；土坝两端与山坡接合部分的坡面过陡，而且清基不彻底或未做防渗齿墙；涵管等构筑物与坝体接触处，因施工条件不好，回填夯实质量差，或未设截流环（墙）及其他止水措施，造成渗流等。

（4）造成绕坝渗漏的主要原因有：与土坝两端连接的岸坡属条形山或覆盖层单薄的山坡而且有透水层；山坡的岩石破碎，节理发育，或有断层通过；因施工取土或库内存水后由于风浪的淘刷，岸坡的天然铺盖被破坏；溶洞以及生物洞穴或植物根茎腐烂后形成的孔洞等。

（三）尾矿坝滑坡的处理

尾矿坝滑坡往往导致尾矿库溃决事故，因此，即使是较小的滑坡也不能掉以轻心。有些滑坡是突然发生的，有些是先由裂缝开始的，如不及时注意，任其逐步扩大和蔓延，就可能造成重大的垮坝事故。

防止滑坡的发生应尽可能消除促成滑坡的因素。注意做好经常性的维护工作，防止或减轻外界因素对坝坡稳定的影响。当发现有滑坡征兆或有滑动趋势但尚未坍塌时，应及时采取有效措施进行抢护，防止险情恶化；一旦发生滑坡，则应采取可靠的处理措施，恢复并补强坝坡，提高抗滑能力。抢护中应特别注意安全问题。

滑坡抢护的基本原则是：上部减载，下部压重，即在主裂缝部位进行削坡，而在坝脚部位进行压坡。尽可能降低库水位，沿滑动体和在附近的坡面上开沟导渗，使渗透水能够很快排出。若滑动裂缝达到坝脚，应该首先采取压重固脚的措施。因土坝渗漏而引起的背水坡滑坡，应同时在迎水坡进行抛土防渗。

因坝身填土碾压不实，浸润线过高而造成的背水坡滑坡，一般应以上游防渗为主，辅以下游压坡、导渗和放缓坝坡，以达到稳定坝坡的目的。在压坡体的底部一般可设双向水平滤层，并与原坝脚滤水体相连接，其厚度一般为 80 ~ 150cm。滤层上部的压坡体一般用砂、石料填筑，在缺少砂石料时，亦可用土料分层回填压实。

对于滑坡体上部已松动的土体，应彻底挖除，然后按坝坡线分层回填夯实，并做好护坡。

坝体有软弱夹层或抗剪强度较低且背水坡较陡而造成的滑坡，首先应降低库水位，如清除夹层有困难，则以放缓坝坡为主，辅以在坝脚排水压重的方法处理。地基存在淤泥层、湿陷性黄土层或液化等不良地质条件，施工时又没有清除或清除不彻底而引起的滑坡，处理的重点是清除不良的地质条件，并进行固脚防滑。因排水设施堵塞而引起的背水坡滑坡，主要是恢复排水设施效能，筑压重台固脚。

（四）尾矿坝管涌的处理

管涌是尾矿坝坝基在较大渗透压力作用下而产生的险情，可采用降低内外水头差，减少渗透压力或用滤料导渗等措施进行处理。

二、尾矿坝的抢险

尾矿坝的险情常在汛期发生，而重大险情又多在暴雨时发生。汛期尾矿库处于高水位工作状态，调洪库容有所减少，遇特大暴雨极易造成洪水漫顶。同时，浸润线的位置处于高位，坝体饱和区扩大，使坝的稳定性降低。此外，风浪冲击也易造成坝顶决口溃坝。因此，做好汛期尾矿坝抢险工作对于确保尾矿库的安全运行至关重要。

首先，应根据气象预报和库情，制订出各种抢险措施及下游群众安全转移措施等计划和预案，从思想、组织、物质、交通、联络、报警信号等各个方面做好抢险准备工作。其次，加强汛期巡检，及早发现险情，及时采取抢护措施。

尾矿坝多为散粒结构，如果洪水漫顶就会迅速冲出决口，造成溃坝事故。当排水设施已全部使用水位仍继续上升，根据水情预报可能出现险情时，应抢筑子堤，增加挡水高度。

当出现超过设计标准的特大洪水时，应在抢筑子堤的同时，报请上级批准，采取非常措施加强排洪，降低库水位。

三、尾矿库的巡检

尾矿库的任何事故都不是突然爆发的，而是由隐患逐渐发展扩大，最终导致事故形成。巡检工作就是从不正常现象的蛛丝马迹上及时发现隐患，以便采取措施消除之。因此，尾矿库的巡检工作非常重要，应建立巡检制度，规定巡检工作的内容、办法和时间等。

尾矿库的巡检应检查尾矿堆积坝顶高程是否一致，坝上放矿是否均匀，尾矿沉积滩是否平整，沉积滩长度、坡度是否符合要求，水边线是否与坝轴线大致平行，库内水位是否符合规定，子坝堆筑是否符合要求，尾矿排放是否冲刷坝体、坝坡，坝体有无裂缝、滑坡、塌陷、表面冲刷、兽蚁洞穴等危及坝体安全的现象，坝面护坡、排水系统是否完好，有无淤堵、沉降、积水等不良现象，坝体下游坡面、坝脚、坝下埋管出坝处、坝肩等部位有无散浸、渗水、漏水、管涌、流土等现象，渗流水量是否稳定，水质是否有变化，观测设施（测压管、测点、水尺、警示设备、孔隙水压力计、测压盒、量水堰等）是否完好等。

排水构筑物的巡检应检查排水井、排水涵管、隧洞、截洪沟、溢洪道等是否完好，有无淤堵，排水井、斜槽盖板的封堵方式、材料、方法是否符合要求，有无损坏，启闭设备有无锈蚀，是否灵活可靠，下游泄流区有无障碍物妨害行洪等。

其他尚应检查交通道路是否畅通，通信、照明系统是否完好有效，防汛物资、器材和工具是否完好、齐备，岗位人员是否到位，管理制度与细则是否完善并行之有效等。

值得特别指出的是，上述巡检工作仅是日常的巡检内容。汛期尚应根据气象预报加强检查，并做好预警工作。汛前、汛后、暴雨期、地震后等应对尾矿库进行全面的安全大检查，必要时应请主管部门派人参与共同检查。

第五节　尾矿库安全管理

为了加强尾矿库的安全管理，保障人民生命财产安全，国家安全生产监督管理总局于 2005 年 12 月 7 日颁布《尾矿库安全技术规程》，自 2006 年 3 月 1 日起施行。

2008 年 9 月 8 日山西临汾市襄汾县新塔矿业有限公司尾矿库发生溃坝事故，事故原因为非法矿主违法生产、尾矿库超储导致溃坝，造成至少 271 人遇难。据了解，在安全隐患长期明显存在的情况下，发生溃坝的尾矿库仍然违法运行，更严重的是，企业的安全生产许可证已经被吊销两年多但却依然非法生产，监管部门在明知企业非法生产的情况下，却没有进行彻底整改和停产，直至特大事故发生。事故充分暴露了安全监管预防体系存在严重漏洞。

一、尾矿库安全管理

（一）尾矿排放与筑坝

（1）尾矿坝滩顶高程必须满足生产、防汛、冬季冰下放矿和回水的要求。

（2）尾矿筑坝必须有足够的安全超高、沉积干滩长度和下游坝面坡度。

（3）每一期筑坝充填作业之前，必须进行岸坡处理。岸坡处理应做隐蔽工程记录，如遇泉眼、水井、地道或洞穴等，要采取有效措施进行处理，经主管技术人员检查合格后方可充填筑坝。

（4）上游式尾矿筑坝法，应于坝前均匀分散放矿，修子坝或移动放矿管时除外，不得任意从库后或库侧放矿。同时应满足以下要求：

1）粗颗粒尾矿沉积于坝前，细颗粒排至库内，在沉积滩范围内不允许有大面积矿泥沉积；

2）沉积滩顶应均匀平整；

3）沉积滩坡度及长度等应符合设计的要求；

4）严禁矿浆沿子坝内坡趾横向流动冲刷坝体；

5）放矿矿浆不得冲刷坝坡；

6）放矿应有专人管理。

（5）坝体较长时应采用分段交替放矿作业，使坝体均匀上升，应避免滩面出现侧坡、扇形坡或细颗粒尾矿大量集中沉积于一端或一侧。

（6）放矿口的间距、位置、同时开放的数量、放矿时间以及水力旋流器使用台数、移动周期与距离，应按设计要求或作业计划进行操作。分散放矿支管、导流槽伸入库内的长度和距滩面的高度应符合设计要求。

（7）为保护初期坝的反滤层免受尾矿水冲刷，应采用多管小流量的放矿方式，以利尽快形成滩面，并采用导流槽或软管将矿浆引至远离坝顶处排放。

（8）冰冻期、事故期或由某种原因确需长期集中放矿时，不得出现影响后续堆积坝体稳定的不利因素。

（9）岩溶发育地区的尾矿库，应加强周边放矿，以加速形成防渗层，减少渗漏和落水洞事故。

（10）每期子坝堆筑完毕，应进行质量检查，记录检查需经主管技术人员签字后存档备查。主要检查内容包括：

1）子坝剖面尺寸、长度、轴线位置及边坡坡比；

2）新筑子坝的坝顶及内坡趾滩面高程、库内水面高程；

3）尾矿筑坝质量。

（11）尾矿滩面及下游坝坡面上不得有积水坑。

（12）坝外坡面维护工作可视具体情况选用以下措施：

1）坝面修筑人字沟或网状排水沟；

2）坡面植草或灌木类植物；

3）采用碎石、废石或山坡土覆盖坝坡。

（二）尾矿库水位控制与防汛

（1）控制尾矿库水位应遵循的原则有：

1）在满足回水水质和水量要求前提下，尽量降低库水位；

2）当回水与坝体安全对滩长和超高的要求有矛盾时，应确保坝体安全；

3）水边线应与坝轴线基本保持平行。

4）尾矿库实际情况与设计要求不符时，应在汛期前进行调洪演算。

（2）汛期前应采用下列措施做好防汛工作：

1）明确防汛安全生产责任制，建立值班、巡查和下游居民撤离方案等各项制度，组建防洪抢险队伍；

2）疏通库内截洪沟、坝面排水沟及下游排洪河（渠）道；

3）详细检查排洪系统及坝体的安全情况，根据实际条件确定排洪口底坎高程，将排洪口底坎以上1.5倍调洪高度内的堵板全部打开，清除排洪口前水面漂浮物，确保排洪设施畅通；

4）库内设清晰醒目的水位观测标尺，标明正常运行水位和警戒水位，备足抗洪抢险所需物资，落实应急救援措施；

5）及时了解和掌握汛期水情和气象预报情况，确保上坝道路、通信、供电及照明线路可靠和畅通。

（3）排除库内蓄水或大幅度降低库水位时，应注意控制流量，非紧急情况不宜骤降。

（4）岩溶或裂隙发育地区的尾矿库，应控制库内水深，防止落水洞漏水事故。

（5）未经技术论证，不得用常规子坝拦洪。

（6）洪水过后应对坝体和排洪构筑物进行全面认真的检查与清理，发现问题应及时修复。同时，采取措施降低库水位，防止连续暴雨后发生垮坝事故。

（7）不得在尾矿滩面或坝肩设置泄洪口，有地形条件的尾矿库，可设置非常排洪通道。

（8）尾矿库排水构筑物停用后的封堵，必须严格按设计要求施工，并确保施工质量。一般情况下，必须在排水井内井座顶部封堵或在隧洞支洞处封堵，严禁在排水井井筒上部封堵。

（三）排渗设施管理与渗流控制

（1）尾矿坝的排渗设施包括排渗棱体、排渗褥垫、排渗盲沟和各种排渗井等。在尾矿坝运行过程中如需增设或更新排渗设施，应经技术论证，并经企业安全管理部门批准。

（2）排渗设施属隐蔽工程，必须按新要求精心选料、精心施工，详细填写隐蔽工程施工验收记录，并绘制竣工图。排渗设施的施工可参照技术规范执行。

（3）坝肩、盲沟等应严格按设计要求施工，防止发生集中渗流。

（4）尾矿库运行期间应加强观测，注意坝体浸润线出逸点的变化情况和分布状态，严格按设计要求控制。

（5）当发现坝面局部隆起、塌陷、流土、管涌、渗水量增大或渗水变浑等异常情况时，应立即采取措施进行处理并加强观察，同时报告企业安全管理部门，情况严重的，应报当地安全生产监督部门。

（四）尾矿库防震与抗震

（1）处于地震区的尾矿库，应制订相应的防震和抗震应急计划和抗震措施，内容包括：

1）防抢险组织与职责；

2）尾矿库防震和抗震措施；

3）防震和抗震的物资保障；

4）尾矿坝下游居民的防震避险预案；

5）震前值班、巡坝制度等。

（2）尾矿库原设计抗震标准低于现行标准时，必须进行加固处理。

（3）严格控制库水位，确保抗震设计要求的安全滩长满足地震条件下坝体稳定的要求。

（4）上游建有尾矿库、排土场、水库等工程设施的，应了解上游所建设施的稳定情况，必要时应采取防范措施。

（5）地震后，必须对尾矿库进行巡查和检测，及时修复和加固破坏部分，确保尾矿库运行安全。

二、尾矿库安全检查

（一）尾矿库防洪安全检查

（1）尾矿库防洪安全检查内容包括：设计防洪标准、尾矿沉积滩的干滩长度和尾矿坝的安全超高等。

（2）检查设计采用的防洪标准是否符合现行尾矿设计规范的要求。当设计采用的防洪标准高于或等于现行设计规范的要求时，可按原设计的洪水参数进行检查；当设计采用的防洪标准低于现行设计规范的要求时，应重新进行洪水计算及调洪演算。

（3）尾矿库水位标高的检测，其测量误差应小于20mm。

（4）尾矿库滩顶标高的检测，应沿坝（滩）顶方向布置测点进行实测，其测量误差应小于20mm。当滩顶一端高一端低时，应在低标高段选较低处检测1～3个点；当滩顶高低相间时，应在较低处选不少于3个点；其他情况，每100m坝长选较低处检测1～2个点，但总数不少于3个点。各测点中的最低点作为尾矿库滩顶标高。

（5）尾矿库干滩长度的测定，视坝长及水边线弯曲情况，选干滩长度较短处布置1～3个断面。测量断面应垂直于坝轴线布置，在几个量测结果中，选最小者作为该尾矿库的沉积滩干滩长度。

（6）检查尾矿库沉积干滩的平均坡度时，应视沉积干滩的平整情况，每100m坝长布置不少于1～3个断面。测量断面应垂直于坝轴线布置，测点应尽量在各变坡点处进行布置，且测点间距不大于10～20m（干滩长者取大值），测点高程测量误差应小于5mm。尾矿库沉积干滩平均坡度，应按各测量断面的尾矿沉积干滩平均坡度加权平均计算。尾矿库沉积干滩平均坡度与设计平均坡度的偏差应不大于10%。

（7）根据检测的滩顶标高、库水位和计算出的沉积干滩平均坡度，检查尾矿库最高洪水位的最小干滩长度是否满足表13－1和表13－2的要求。

表13－1　上游式尾矿坝的最小干滩长度

尾矿库等别	一	二	三	四	五
最小干滩长/m	150	100	70	50	40

表13－2　下游式、中线式尾矿坝的最小干滩长度

尾矿库等别	一	二	三	四	五
最小干滩长/m	100	70	50	35	25

（8）根据检测出的滩顶标高、库水位和计算沉积干滩平均坡度，检查尾矿库在最高洪水位时坝的安全超高是否满足表 13－3 和表 13－4的要求。

表 13－3　尾矿库的等级

等别	全库容/m^3	坝高/m
一	二等库具备提高等级条件者	
二	不小于 10000×10^4	不小于 100
三	不小于 1000×10^4，小于 10000×10^4	不小于 60，小于 100
四	不小于 100×10^4，小于 1000×10^4	不小于 30，小于 60
五	小于 100×10^4	小于 30

表 13－4　尾矿坝的最小安全超高

尾矿库等别	一	二	三	四	五
最小安全超高/m	1.5	1.0	0.7	0.5	0.4

（二）排水构筑物安全检查

（1）排水构筑物安全检查主要内容：构筑物有无变形、移位、损毁、淤堵，排水能力是否满足要求等。

（2）排水井安全检查内容：井的内径、窗口尺寸及位置，井壁剥蚀、脱落、渗漏，最大裂缝开展宽度，井身倾斜度和变位，井、管连接部位，进水口水面漂浮物，停用井的封盖方法等。

排水井最大裂缝开展宽度应符合表13－5 的规定。

表 13－5　钢筋混凝土结构构件最大裂缝宽度的允许值

<table>
<tr><th colspan="3">结构构件所处的条件</th><th>最大裂缝宽度/mm</th></tr>
<tr><td rowspan="4">水下结构</td><td rowspan="2">水质无侵蚀性</td><td>水力坡度①不大于20</td><td>0.3</td></tr>
<tr><td>水力坡度大于20</td><td>0.2</td></tr>
<tr><td rowspan="2">水质有侵蚀性</td><td>水力坡度不大于20</td><td>0.25</td></tr>
<tr><td>水力坡度大于20</td><td>0.15</td></tr>
</table>

续表 13－5

<table>
<tr><th colspan="3">结构构件所处的条件</th><th>最大裂缝宽度
/mm</th></tr>
<tr><td rowspan="3">水位
变动区</td><td rowspan="2">水质无侵蚀性</td><td>年冻融循环次数不大于50</td><td>0.25</td></tr>
<tr><td>年冻融循环次数大于50</td><td>0.15</td></tr>
<tr><td>水质有侵蚀性</td><td></td><td>0.15</td></tr>
<tr><td>水上结构</td><td></td><td></td><td>0.3</td></tr>
</table>

①水利坡度为沿渗水路径的水头差与渗径距离之比。

（3）排水斜槽检查内容：斜槽断面尺寸，槽身变形、损毁或坍塌，盖板放置、断裂，最大裂缝开展宽度，盖板之间以及盖板与槽壁之间的防漏填充物，漏砂，斜槽内淤堵等。

（4）排水涵管检查内容：涵管断面尺寸、变形、破损、断裂和磨蚀，最大裂缝开展宽度，管间止水及填充物，涵管内淤堵等。

（5）排水隧洞检查内容：隧洞断面尺寸，洞内塌方，衬砌变形、破损、断裂、剥落和磨蚀，最大裂缝的开展宽度，伸缩缝、止水及填充物，洞内淤堵等。

（6）溢洪道检查内容：溢洪道断面尺寸，沿线山坡滑坡、塌方，护砌变形、破损、断裂和磨蚀，沟内淤堵，溢流口底部高程，消力池及消力坎等。

（7）截洪沟断面检查内容：截洪沟断面尺寸，沿线山坡滑坡、塌方，护砌变形、破损、断裂和磨蚀，沟内淤堵等。

（8）截水沟检查内容：截水沟断面尺寸，截水沟沿线山坡稳定性，护砌变形、破损、断裂和磨蚀，沟内淤堵等。

（三）尾矿坝安全

（1）尾矿坝安全检查内容：坝的轮廓尺寸、变形、裂缝、滑坡和渗漏等。

（2）检测坝的外坡坡比。每 100m 坝长不少于 2 处，应选在最大坝高断面或坝坡较陡断面。

（3）检查坝体位移。要求坝的位移量变化应均衡，无突变现象，且应逐年减小。当位移量变化出现突变或有增大趋势时，应查明原因，妥善处理。

（4）检查坝体有无纵、横向裂缝。坝体出现裂缝时，应查明裂缝的长度、宽度、深度、走向、形态和成因，判定危害程度。

（5）检查坝体滑坡。坝体出现滑坡时，应查明滑坡位置、范围和形态以及滑坡的动态趋势。

（6）检查坝体浸润线的位置。应查明坝面浸润线出逸位置、范围和形态。

（7）检查坝体渗漏。坝体有渗漏时，应查明渗漏出逸点的位置、形态、流量及含砂量等。

（四）尾矿库库区安全检查

（1）尾矿库库区安全检查主要内容：周边山体稳定性，违章建筑、违章施工和违章民办采选活动等情况。

（2）检查周边山体滑坡、塌方和泥石流等情况时，要详细观察周边山体有无异常和急变，并根据工程地质勘察报告，分析周边山体发生滑坡的可能性。

（3）检查库区范围内危及尾矿库安全的主要内容：违章爆破、采石和建筑，违章取尾矿再选、取水，外来尾矿、废石、废水和废弃物排入，放牧和开垦等。

三、尾矿库安全评价与管理

（1）尾矿库安全度分类，主要根据尾矿库的防洪能力和尾矿坝坝体的稳定性确定。尾矿库根据安全度分为危库、险库、病库和正常库。

（2）尾矿库有下列工况之一的为危库：

1）尾矿坝的最小安全超高和尾矿库的最小干滩长度达不到设计规范的要求，不能确保坝体的安全；

2）排水系统严重堵塞或坍塌，不能排水或排水能力急剧降低，排水井显著倾斜，有倒塌的迹象；

3）坝体出现深层滑动迹象；

4）其他危及尾矿库的情况。

（3）尾矿库有下列工况之一的为险库：

1）尾矿坝的最小安全超高和尾矿库的最小干滩长度达不到设计规范的要求，但平时对坝体的安全影响不大；

2）排水系统部分堵塞或坍塌，排水能力有所降低，达不到设计要求；

3）坝体出现浅层滑动迹象；

4）坝体出现贯穿性的横向裂缝，且出现较大的管涌，水质浑浊挟带泥砂，或坝体渗流在堆积坝坡有较大范围逸出，且出现流土变形；

5）其他影响尾矿库安全运行的情况。

（4）尾矿库有下列工况之一的为病库：

1）尾矿坝的最小安全超高和尾矿库的最小干滩长度达不到设计规范的要求；

2）排水系统出现裂缝、变形；

3）排水管腐蚀或磨损，接头漏砂；

4）堆积坝的整体外坡坡比陡于设计规定值，或虽符合设计规定，但部分高程上的堆积坝边坡过陡，可能形成局部失稳；

5）经验算，坝体稳定安全系数小于设计规范规定值；

6）浸润线位置过高，渗透水自高位出逸，坝面出现沼泽化；

7）坝体出现较多的局部纵向或横向裂缝；

8）坝体出现小的管涌并挟带少量泥砂；

9）堆积坝外坡冲蚀严重，形成较多或较大的冲沟；

10）坝端无截水沟，山坡雨水冲刷坝肩等。

（5）同时满足下列工况的为正常库：

1）尾矿坝的最小安全超高和尾矿库的最小干滩长度均符合设计要求；

2）排水系统各构筑物符合设计要求，工况正常；

3）尾矿坝的轮廓尺寸符合设计要求，稳定安全系数及坝体渗流控制满足要求，工况正常。

（6）企业必须把尾矿库安全评价工作纳入安全管理工作计划，由有资质条件的中介技术服务机构定期对尾矿库进行安全评价。尾矿库的安全评价报告必须报省级安全生产监督管理部门备案。

(7) 对于危库，企业必须停产抢险，并采取以下应急措施：

1) 立即降低库水位，确保坝的安全和满足汛期最小安全超高和最小干滩长度的要求，必要时，可按最小干滩长度为坝顶宽度，用渠槽法抢筑子坝，以形成所需的安全超高和干滩长度；

2) 疏通、加固或修复排水构筑物，必要时可另开挖临时排洪通道；

3) 处理滑坡，加固坝体。

(8) 对于险库，企业应采取以下措施在限定的时间前消除险情：

1) 降低库水位，确保满足汛期最小安全超高和最小干滩长度的要求；

2) 疏通、加固或修复排水构筑物；

3) 处理滑坡，加固坝体，消除管涌和流土。

(9) 对于病库，企业应采取以下措施尽快消除事故隐患：

1) 抓紧进行防洪治理工程，确保汛前彻底完成治理工程量；

2) 加固、修复排水构筑物；

3) 加固坝体或适当削坡，处理局部裂缝；

4) 实施降水措施降低浸润线，消除管涌和流土；

5) 修整坝坡，开挖坝肩截水沟。

(10) 企业对非正常级尾矿库的检查周期：对"危"级尾矿库每周不少于1次；对"险"级尾矿库每月不少于1次；对"病"级尾矿库每季不少于1次。在暴雨和汛期期间，应根据实际情况对尾矿库增加检查次数。如发现重大隐患，必须立即采取措施进行整改，并向安全生产监督部门报告。

第十四讲　矿山应急预案与矿工救护

［本讲要点］　矿山应急预案的内容和演练；事故发生时人的行为特征；安全撤离路线；井下避难硐室；矿井安全出口；矿山救护队及其工作；事故时的救护行动原则；矿山救护的主要设备

第一节　矿山应急预案

应急预案是应急救援系统的重要组成部分，针对各种不同的紧急情况制定有效的应急预案，不仅可以指导应急人员的日常培训和演习，保证各种应急资源处于良好的备战状态，而且可以指导应急救援行动按计划有序进行，防止因行动组织不力或现场救援工作混乱而延误事故应急救援，从而降低人员伤亡和财产损失。应急预案对于如何在事故现场组织开展应急救援工作具有重要的指导意义，它有助于实现应急行动的快速、有序、高效。因此，如何制定有效完善的应急预案具有重要现实意义。

一、应急预案的基本内容

应急预案的基本内容包括10个方面。

（一）组织机构及其职责

（1）明确应急反应组织机构、参加单位、人员及其作用。

（2）明确应急反应总负责人以及每一具体行动的负责人。

（3）列出本区域以外能提供援助的有关机构。

（4）明确政府和企业在事故应急中各自的职责。

（二）危害辨识与风险评价

（1）确认可能发生的事故类型、地点。

（2）确定事故影响范围及可能影响的人数。

（3）按所需应急反应的级别，划分事故严重度。

（三）通告程序和报警系统

（1）确定报警系统及程序。

（2）确定现场 24 小时的通告、报警方式，如电话、警报器等。

（3）确定 24 小时与政府主管部门的通信、联络方式，以便应急指挥和疏散居民。

（4）明确相互认可的通告、报警形式和内容，避免误解。

（5）明确应急反应人员向外求援的方式。

（6）明确向公众报警的标准、方式、信号等。

（7）明确应急反应指挥中心怎样保证有关人员理解并对应急报警的反应。

（四）应急设备与设施

（1）明确可用于应急救援的设施，如办公室、通信设备、应急物资等。

（2）列出有关部门如企业现场、卫生等部门可用的应急设备。

（3）描述与有关医疗机构的关系，如急救站、医院、救护队等。

（4）描述可用的危险监测设备。

（5）列出可用的个体防护装备，如呼吸器、苏生器等。

（6）列出与有关机构签订的互援协议。

（五）能力与资源

（1）明确决定各项应急事件的危险程度的负责人。

（2）描述评价危险程度的程序。

（3）描述评估小组的能力。

（4）描述评价危险所使用的监测设备。

（5）确定外援的专业人员。

（六）保护措施程序

（1）明确可授权发布疏散居民指令的负责人。

（2）描述决定是否采取保护措施的程序。

（3）明确负责执行和核实疏散居民的机构。

（4）描述疏散居民的接收中心或避难场所。

（5）描述决定终止保护措施的方法。

（七）信息发布与公众教育

（1）明确各应急小组在应急过程中对媒体和公众的发言人。

（2）描述向媒体和公众发布事故应急信息的决定方法。

（3）描述为确保公众了解如何面对应急情况所采取的周期性宣传以及提高安全意识的措施。

（八）事故后的恢复程序

（1）明确决定终止应急、恢复正常秩序的负责人。

（2）描述确保不会发生未授权而进入事故现场的措施。

（3）描述宣布应急取消的程序。

（4）描述恢复正常状态的程序。

（5）描述连续检测受影响区域的方法。

（6）描述调查、记录、评估应急反应的方法。

（九）培训与演练

（1）对应急人员进行培训，并确保合格者上岗。

（2）描述每年培训、演练计划。

（3）描述定期检查应急预案的情况。

（4）描述通信系统检测频度和程度。

（5）描述进行公众通告测试的频度和程度，并评价其效果。

（6）描述对现场应急人员进行培训和更新安全宣传材料的频度和程度。

（十）应急预案的维护

（1）明确每项计划更新、维护的负责人。

（2）描述每年更新和修订应急预案的方法。

（3）根据演练、检测结果完善应急计划。

二、应急培训与演习

为提高救援人员的技术水平与救援队伍的整体能力，以便在事故的救援行动中，达到快速、有序、有效的效果。经常性地开展应急救援培训训练或演习应成为救援队伍的一项重要的日常性工作。

应急救援培训与演习的指导思想应以加强基础、突出重点、逐步提高为原则。

应急培训与演习的基本任务是锻炼和提高队伍在突发事故情况下的快速抢险堵源、及时营救伤员、正确指导和帮助群众防护或撤离、有效消除危害后果、开展现场急救和伤员转送等应急救援技能和应急反应综合素质。要求应急人员了解和掌握如何识别危险，如何采取必要的应急措施，如何启动紧急情况警报系统，如何安全疏散人群等基本操作。

每次演练之后，负责准备计划的部门应彻底复查此次演练以改正计划的缺点和不足。

第二节 矿工自救

一些矿山事故，特别是灾害性矿山事故，刚发生时释放出的能量或危险物质、涉及范围都比较小，在事故现场的人员应该抓住有利时机，采取恰当措施，消灭事故和防止事故扩大。在事故已经发展到无法控制、人员可能受到伤害的情况下，处于危险区域的人员应该迅速地撤离，回避危险。矿山事故发生时，处于危险区域的人员在没有外界援救的情况下，依靠自己的力量避免伤害的行为称为矿工自救。

一、事故发生时人的行为特征

在矿山事故发生时，人员面临受到伤害的危险，往往心理紧张程度增加，信息处理能力降低，不能采取恰当的行为扭转局面和脱离危险。据研究，发生事故时，人在信息处理方面可能出现如下倾向：

（1）接受信息能力降低。事故发生引起人的心理紧张，往往被动地接受外界信息，对周围的信息分不清轻重缓急，由于缺乏选择信息的能力而不能及时获得判断、决策所必要的信息；或者相反，把全部注意力集中于某种异常的事物而不顾其他，因而不能发觉其他危险因素的威胁。在高度紧张的情况下，可能产生幻觉或错觉，如弄错对象的颜色、形状，或弄错空间距离、运动速度等，从而导致错误的行为。

（2）判断、思考能力降低。在没有任何思想准备、事故突然发生的情况下，人员可能下意识地按个人习惯或经验采取行动，结果受到伤害。由于心情紧张，可能一时想不起来已经记住的知识、办法，面对危险局面束手无策；或者不能冷静地思考判断，仓促地做出决策，草率地采取行动，或盲目地追从他人。在极度恐慌时，可能对形势做出悲观的估计，采取冒险行动或绝望行动。

（3）行动能力降低。事故时人的心理紧张会引起运动器官肌肉紧张，使动作缺少反馈，往往表现出手脚不相遂、动作不协调、弄错操作方向或操作对象、动作生硬或用力过猛。作为动物的一种本能，在极度恐惧时肌肉往往强烈地收缩，使人不能正常地行动。通过教育、训练可以提高职工的应变能力，防止事故时产生心理紧张。每个矿山职工都应该熟悉各种事故征兆的识别方法，事故发生时的应急措施；熟悉井下巷道和安全出口；学会使用自救器和急救人员的方法，以及无法走出矿井时避难待救的措施和方法等。

在设计各种应急设施、安全撤退路线、避难设施时，应该充分考虑事故时人员的行为特征，便于人员利用。

矿山事故发生时，班组长、老工人、生产管理人员要沉着冷静地组织大家采取自救措施，依靠集体的智慧和力量脱离危险。为了使事故发生时矿工自救成功，事先应该规定安全撤离路线、构筑井下避难硐室、备有足够的自救器。

二、安全撤离路线

安全撤离路线是矿山事故发生时能保证人员安全撤离危险区域的路线。矿山井下存在许多可能导致伤亡事故的危险因素。一般地，进入井下的任何地点时都应考虑一旦出现危险情况如何安全撤离的问题。每年编制的矿井防火灾计划中应该包括撤出人员的行动路线，并将人员安全撤离的路线和安全出口填绘到矿山实测图表中。应该根据矿山事故或灾害的类型、地点、涉及范围和井下人员所处的位置等情况，以能使人员快速、安全撤离危险区域为原则来确定安全撤离路线。一般地，应该选择短捷、通畅、危险因素少的路线。

在井下发生火灾的场合，位于火源地上风侧的人员应该迎着风流撤退；位于下风侧的人员应该佩戴自救器或用湿毛巾捂住鼻子，尽快找到一条捷径绕到有新鲜风流的巷道中去，如果在撤退过程中有高温火焰或烟气袭来，应该俯伏在巷道底板或水沟中，以减轻灼伤和有毒有害气体伤害。

在井下发生透水的场合，人员应该尽快撤退到透水中段以上的中段，不能进入透水地点附近的独头巷道中。当独头天井下部被水淹没，人员无法撤退时，可以在天井上部避难，等待援救。

矿内火灾、水灾等灾难性事故发生时，有毒有害烟气、水沿着井巷蔓延，巷道个别地段可能发生冒落、堵塞，给人员撤离增加困难。由表 14 – 1 可以看出，人员在不能直立行走或在水中、烟中、黑暗中行走时，行进速度大幅度降低。为了加速人员的安全撤离，应该尽可能地利用矿内车辆等运输工具和提升设备；尽量选择不易受到水、烟威胁，围岩稳固的巷道作为安全撤离路线；在安全撤离路线所经过的巷道中应该有良好的照明；在巷道的岔道口处应该设置路标，指明安全撤离方向。

表 14 – 1　不同境况下人的行进速度

行走姿态	行进速度/$m \cdot s^{-1}$	行走环境	行进速度/$m \cdot s^{-1}$
自由行走	1.33	没膝水中	0.70
小跑	3.00	没腰水中	0.30
快跑	6.00	熟悉黑暗中	0.70
弯腰走	0.60	陌生黑暗中	0.30
爬行	0.30 ~ 0.50	烟中	0.30 ~ 0.70

安全撤退路线的终点应该选择在能够保证人员安全的地方。在发生矿内火灾、水灾的场合，人员应该尽可能撤到地面，彻底脱离危险。但是在撤离矿井很困难的情况下，如通路堵塞、烟气浓度大而又无自救器时，则应该考虑在井下避难硐室避难。

三、井下避难硐室

井下避难硐室是为井下发生事故时人员躲避灾难而构筑的硐室。

井下避难硐室有永久避难硐室和临时避难硐室之分。

永久避难硐室是按照矿井防灾计划预先构筑的，一般设在采区附近或井底车场附近。硐室内应能容纳采区当班人员。硐室有密闭门，可防止有毒有害气体侵入，硐室内备有风水管接头、供避难人员使用的自救器。这种避难硐室也可用作矿井临时救护基地。

临时避难硐室是利用工作地点附近的独头巷道、硐室或两道风门之间的巷道临时构筑的。应该在预先选择的临时避难硐室附近准备好木板、门扇、黏土、草袋子等材料，事故发生时可以方便地将巷道封闭，构成硐室。临时避难硐室应选在有风水管接头的地方。

矿内发生事故时，如果人员不能在自救器的有效时间内到达安全地点，或没有自救器而巷道中有毒有害气体浓度高，或由于其他原因不能撤离危险区域的情况下，都应该躲进附近的避难硐室等待援救。

人员进入避难硐室前，应在硐室外挂有衣物或矿灯等明显标志，以便被救护队发现。进入硐室后应该用泥土、衣物等堵塞缝隙以防止有毒有害气体进入。在硐室内等待避难时，应该保持安静，避免不必要的体力消耗。硐室内只留一盏灯照明，将其余的矿灯都关闭掉。可以间断地敲打管道、铁轨或岩石，发出求救信号。

四、矿井安全出口

矿井安全出口是在正常生产期间便于人员通行，在发生事故时能够保证井下人员迅速撤离危险区域，到达地表的通道。矿井安全出口是安全撤退路线的一个组成部分。

《金属非金属矿山安全规程》对矿井安全出口作了明确规定：每个矿井必须至少有两个能够行人并通到地面的安全出口。出口间的距离不得小于100m。大型矿井，矿床地质条件复杂，走向长度一翼超过1000m时，应该在矿体端部的下盘增设安全出口。每一中段到上一中段和各采区都必须至少有两个便于行人的安全出口，并同通往地面的安全出口相通。井巷的岔道口必须有路标，注明其所在地点及通往地面出口的方向。

以提升竖井作为安全出口时，必须备有良好的提升设备和梯子间。如果一个竖井装有两部在动力上互不依赖的罐笼设备时，可以不设梯子间。竖井的梯子间，必须符合安全规程的要求。

每个采矿场和分层都必须有两个出口，并连通上、下巷道，安全出口的支护必须坚固，并设有梯子。因特殊情况不能设两个出口时，必须经矿长批准，并采取相应的安全措施。

第三节 矿山救护组织和装备

一、矿山救护队及其工作

为了及时有效地处理和消灭矿山事故，减少人员伤亡和财产损失，大型矿山、有自然发火或沼气危害的矿山，应该成立专职矿山救护队；其他矿山，应该组织经过严格训练，配有足够装备的兼职救护队。救护队应配备一定数量的救护设备和器材。矿山救护队按大队、中队、小队三级编制，其人数视具体情况确定。一般地，小队由 5 ~8 人组成，3 ~6 个小队编成一个中队，几个中队组成该矿区的救护大队。矿山救护队应能够独立处理矿区内的任何事故。

为了保证迅速投入救护工作，救护队应该经常处于戒备状态，分别以小队为单位轮流担任值班队、待机队和休息队。值班队应时刻处于临战状态，保证在接到求救电话一分钟内集合完毕，上车出发。待机队平时进行学习和训练，值班队出发后，待机队转为值班队。救护队到达事故现场后，由队长向现场指挥员报到，并了解事故发生地点、规模、遇难人员所在位置等情况。当事故情况不明时，救护队的首要任务是侦察。通过侦察弄清事故发生地点、性质和波及范围；查清被困人员所在位置并设法救出他们；选定井下救护基地和安全岗哨地点等。

进行复杂事故或远距离侦察时，应由几个小队联合进行，各小队相隔一定时间陆续出发，以保证侦察工作安全。在有窒息或中毒危险区域侦察时，每小队不得少于 5 人；在空气新鲜的地区侦察时，不得少于 2 人。应该认真计算侦察的进程和回程的氧气消耗量，防止呼吸器中途失效。根据侦察结果，救护队应立即拟定处理事故方案，并按此方案制订出行动计划。

二、事故时的救护行动原则

事故发生后，救护队的主要任务是：

（1）抢救遇险人员，使他们脱离危险；

（2）采取措施限制事故波及范围；

（3）彻底消灭事故，恢复生产。

井下发生水灾时，救护队要搭救被围困人员，引导下部中段人员沿上行井巷撤至地面；保护水泵房，防止矿井被淹；恢复矿内通风。

发生矿内火灾时，救护队要首先组织井下人员撤离矿井；控制风流防止火灾蔓延；如果火灾威胁井下炸药库时，要尽快将爆破器材转移；井底车场硐室（变电所、充电硐室等）着火时，如果用直接灭火法不能扑灭时，应关闭硐室防火门、设置水幕、停止供电、防止火灾扩大。扑灭火灾时，要首先采用直接灭火法。在采用直接灭火法无效时，再采用封闭灭火法或联合灭火法。

发生炮烟中毒事故时，救护队首先必须阻止无呼吸器的人员进入危险区域，并立即携带自救器奔向出事地区，给遇难人员戴上自救器将其救出。将中毒人员迅速抬到新鲜风流处，施行人工呼吸或用苏生器抢救。同时，应抓紧恢复炮烟区的通风。事故区的所有入口要设安全岗哨，不允许无呼吸器人员进入，直到经通风后空气中有毒气体含量符合工业卫生标准为止。

三、矿山救护的主要设备

矿山救护队的主要设备有供救护队员在有毒有害气体中救灾时佩戴的氧气呼吸器，对受难人员进行人工呼吸和进行急救的自动苏生器，以及为它们的小氧气瓶充氧的氧气充填泵，检查氧气呼吸器性能的万能检查仪。

（一）氧气呼吸器

氧气呼吸器是救护队员在有毒有害气体环境中救灾时佩戴的个体防护器具。其工作原理是，由人体肺部呼出的二氧化碳气体，周而复始地被呼吸器清洁罐中的吸收剂吸收，再定量地补充氧气供人体吸入。

矿山使用的氧气呼吸器如 AHG－2 型和 AHG－4 型等，前者有效使用时间为 2h，后者为 4h。

氧气呼吸器的构造精密而复杂，平时应加强保管、维护和检查，以确保正常灵活地工作。使用前，必须用万能检查仪对呼吸器的性能进行全面检查，如气密程度、排气阀的灵敏程度、自动补给阀开启情况、减压器的供氧量、清洁罐的严密性和阻力等。同时，要检查软管、鼻夹、口具、背带等是否齐全完好。使用后，要及时用氧气充填泵充填氧气，更换清洁罐中的吸收剂，将口具、唾液盒及呼吸软管等清洗消毒。

（二）自动苏生器

自动苏生器是在救灾过程中对受难人员施行人工呼吸进行急救的设备。它适用于抢救因中毒窒息、胸部外伤造成的呼吸困难或触电、溺水等造成的失去知觉处于假死状态的人员。我国矿山使用的自动苏生器有 ASZ－1 和 ASZ－30 型等型号。它们的构造和工作原理相同，只是后者体积较小，输氧与抽气的压力较高。

这种设备体积小、重量轻、操作简便、性能可靠、携带方便，适于矿山救护队在井下使用。

第十五讲　矿山安全管理经验精选

［**本讲要点**］　矿山安全工作要领妙语汇集；矿山安全操作技巧妙语汇集

第一节　矿山安全工作要领妙语集锦

矿山企业单位在多年的基层实践中，积累了丰富的安全管理经验，其中许多经验完全可以作为安全模式推广应用。这些安全经验或模式简明扼要，字字讲到了安全工作的点子上。

——安全第一的“三点含义”：一是在生产过程中，要树立起人是最宝贵的思想，职工的生命安全第一；二是在生产过程中，必须把保护职工的生命安全和身体健康，作为第一位的工作来抓；三是把安全第一作为生产的指导思想和行动准则。

——安全“四落实”：组织落实有安排；任务落实有指标；责任落实有登记；奖惩落实有兑现。

——对不符合安全要求的，不准投资，不准施工，不准投入使用，以切实保证安全不留隐患。

——企业要想达标，安全十分重要，领导抓好安全，优质高产高效。安全生产，长治久安。不安全，不生产，完不成任务也不冒险。没有安全作保证，生产任务难完成。安全工作贯穿生产之始终，搞生产就要讲安全。

——不安全管理因素“十条”：（1）安全机构不健全；（2）安全制度不完善；（3）操作制度不健全；（4）缺乏安全教育活动；（5）防护用品缺乏周期检查；（6）安全检查无奖惩；（7）安全资料不齐全；（8）处理隐患不及时；（9）安全措施或经济责任制不落实；（10）重点控制不认真。

——事故原因“十个字”：不紧，不深，不严，不细，不实。

——抓基础，抓要害，抓违章，抓基层，抓苗头，抓好这五关，生产就安全。

——贯彻上级安全精神，艰苦细致地抓好安全，消化各种安全文件，苦口婆心的安全教育，落实各项安全措施，没完没了的安全检查，执行各种安全规章，反反复复的安全宣传，认认真真的安全学习，辛辛苦苦的摸索规律。

——安全生产要领：掌握安全生产的基本理论，学习安全生产的先进经验，认识灾害事故的性质规律，认真贯彻上级的安全方针，执行各项合理的规章制度，保证安全生产的顺利进行，超额完成国家的各项任务。

——搞好安全“三诀”：搞好培训，提高素质；完善制度，加强管理；落实职权，强化监督。

——领导跟班“三不走”：发现问题不走，采取不了措施不走，事故处理不完不走。

——抓安全克服“四种情绪”：厌战情绪，自满情绪，畏难情绪，抵触情绪。

——搞好安全“五反”：反对忽视安全的思想和行动；反对违章违纪；反对安全上的好人主义；反麻痹；反松劲。

——抓好安全组织“五落实”：（1）按照齐抓共管的要求，落实党政工团组织系统在安全工作上的职责；（2）建立安全制度，要符合实际，防空防虚，抓好落实；（3）提高干部认识，振奋干部精神，转变干部作风；（4）按部门、分层次落实安全责任制，教育先行，教育为主，防止以罚代管；（5）安全措施，落实到班组。

——搞安全抓好“六管理”：设备上的管理，工程质量上的管理，劳动纪律上的管理，技术管理，出勤管理，思想活动的管理。

——安全工作“七是”：一是重视教育；二是规章健全；三是检查落实；四是消除隐患；五是严格要求；六是务求实效；七是贵在坚持。

——安全生产的“七项重要工作”：（1）进一步完善和落实安全生产责任制；（2）开展班组安全建设；（3）深入开展安全宣传教

育培训；(4) 推广现代化安全管理技术和加强监测手段；(5) 加强尘毒治理和其他职业病的预防；(6) 制定落实各工种的操作规程；(7) 开展安全卫生的科研工作。

——安全工作“十字”：一是“敢”，就是敢字当头；二是“专”，就是要专心致志；三是“恒”，就是要持之以恒；四是“去”，就是要去掉私心；五是“管”，就是要敢抓善管；六是“查”，就是要监督检查；七是“严”，就是要严格追查；八是“活”，就是要安教活动；九是“杜”，就是要防微杜渐；十是“防”，就是要防患未然。

——安全生产企业的“五个特点”：(1) 领导重视；(2) 有一支安全工作骨干队伍；(3) 制定了安全生产规章制度和技术操作规程；(4) 开展安全技术培训；(5) 坚持按规定办事。

——搞好安全“五措施”：加强领导，健全机构；培训队伍，提高素质；制订计划，落实经费；建立制度，加强管理；深入实际，解决问题。

——安全工作“八要素”：领导重视，广泛动员，依靠手段，提高素质，加强管理，狠反“三违”，质量达标，奖罚分明。

——安全工作“八个一”：会议时间冲突时，安全会议第一；工作同时进行时，安全工作第一；下达生产任务时，安全措施第一；实行检修计划时，安全保证第一；执行规章制度时，安全规程第一；处理矛盾关系时，安全问题第一；加强薄弱环节时，安全内容第一；贯彻四个落实时，安全落实第一。

——搞好安全坚持开好“十种会”：安全办公会，处科安全会，安全调度会，安全发动会，班前安全会，班后总结会，安全活动会，安全现场会，安全评比会，安全表彰会。

——制定和落实计划，推行经营承包责任制，做出重大的技术经济决策，都必须有确保安全生产的要求和措施。

——生产三班倒，班班见领导。指挥不违章，安全定能保。干部善于管，事故不沾边。干部怎样管，一说二检三要干。“安全经”天天念，紧紧绷好“安全弦”。要有一本安全经，要有一张婆婆嘴。解决安全问题的关键是领导，领导重视了就能够搞好。

——抓安全，搞安全，千万不能看情面。抓安全不能光用老观点、老作风、老办法，要研究新观念、新作风、新措施。

——抓安全“三不要三要”：不要做表面文章，不要应付检查团，不要装饰图虚名；要做扎实工作，要认真抓安全，要讲安全效果。

——抓安全克服“三重三轻”：重生产轻安全，重经营管理轻职工劳保福利，重经济手段轻思想教育。

——领导跟班“三保证”：保证和工人同上下班，保证班中不离开现场，保证班中不发生人为事故。

——安全“三抓”：抓重点人物，抓骨干力量，抓培训工作。

——抓安全注意“三个死角”：死角人员，死角地区，死角单位。

——抓安全领导坚持“四查”：带队查，经常查，反复查，随时查。

——抓安全“四则”：执行细则，按照规定，该奖则奖，该罚则罚。

——安全工作“四加强”：加强班前会安全教育，加强劳动纪律，加强现场管理，加强安全思想政治工作。

——抓好安全“四强化”：（1）强化岗位责任制，提高办事效率；（2）强化劳动纪律，实现工作时间效率满负荷；（3）强化领导跟班，现场指挥；（4）强化安全意识，抓好安全措施落实。

——安全“三个四抓”：抓不安全的事，抓不安全的人，抓不安全的地点，抓不合格的规程；真抓，严抓，细抓，反复抓；抓思想落实，抓组织落实，抓责任落实，抓措施落实。

——安全生产“五带头”：领导带头，干部带头，党团员带头，先进工作者带头，安检人员带头。

——安全“五抓五应”：抓宣传，应注意效果；抓重点，应注意一般，抓措施，应注意成效；抓建议，应注意落实；抓事故，应注意原因。

——抓安全解决好五方面问题：认识问题，人的素质问题，工作问题，技术问题，管理问题。

——安全工作“六不准和六不要”：不准推，不要推；不准靠，不要靠；不准拖，不要拖；不准松，不要松；不准等，不要等；不准没人管，不要没人管。

——安全管理“六化”：安全管理经常化，安全管理制度化，安全管理知识化，安全管理标准化，安全管理系统化，安全目标数量化。

——安全“七要”：要抓好全体职工的安全思想教育；要定期向上级汇报安全情况；要经常听取职工对安全工作的反映；要和行政领导一起研究分析安全工作；要监督保证各项规章制度的贯彻实行；要总结表彰安全工作中好人好事；要充分发挥工会和共青团抓安全工作的作用。

——搞好安全“七敢”：对违章指挥敢顶，对违章作业敢管，对歪风邪气敢刹，对责任事故敢咎，对责任者敢惩，对安全标兵敢奖，对忽视安全敢批。

——安全工作“八点”：安全工作抓紧点，安全情况就好点；安全工作松一点，安全事故就多点；克服松劲抓紧点，大小事故减少点；生产效率提高点，经济效益增加点。

——安全“十抓”：思想工作抓认识，安全宣传抓教育，出现事故抓分析，健全制度抓纪律，各种形式抓竞赛，提高素质抓学习，工人当中抓骨干，领导工作抓关键，安全网员抓监督，选好典型抓样板。

——安全检查是搞好安全生产的一个重要措施。检查不安全的因素，消除不安全的隐患。安全生产检查应该始终贯彻领导与群众相结合的原则，依靠群众，边检查，边改进，并及时地总结和推广先进经验。

——充分发挥安全监察和检查的作用，群管群治，把好安全生产关。

——安全工作，除进行经常的检查外，每年还应该定期地进行两到四次群众性的检查，这种检查包括普遍检查、专业检查和季节性检查，这几种检查可以结合进行。

——开展安全生产检查，必须有明确的目的、要求和具体计划，并且必须建立由企业领导负责、有关人员参加的安全生产检查组织，以加强领导，做好这项工作。

——安全机构“三加强”：健全检查制度，加强检查机构，充实检查干部。

——搞好安全“四是”：安全教育是安全生产的母体，安全宣传是安全生产的孕育，安全知识是安全生产的保证，安全培训是安全生产的前提。

——安全检查中的“四忌”：一忌大架未动，通知先行；二忌前呼后拥，招摇过市；三忌手捧材料，耳听汇报；四忌只走过场，不深不细。

——安全检查“四不”：安全检查，不定时间；安全检查，不定地点；安全检查，不事先通知；安全检查，不定次数。

——安全检查查出的问题要“五定”：定项目、定人员、定落实、定时间、定措施。

——安全“五查”：定期查，查隐患，消除隐患；抽查，查漏洞，堵塞漏洞；巡回查，查问题，解决问题；包片查，查不足，取长补短；反复查，查差距，迎头赶上。

——安全生产要做到“五向”：向高度责任心要安全；向严格质量管理要安全；向反“三违”要安全；向安全知识要安全；向安全技术装备要安全。

——安全“六查”：查安全第一的思想是否牢固树立；查违章违纪；查规程措施；查安全上的隐患和漏洞；查薄弱环节；查对事故的分析处理。

——安全“七查”：查思想，查违章，查领导，查脱岗，查隐患，查制度，查纪律。

——安全“十一检”：检查工作现场，检查安全用品，检查工作方法，检查互相监督，检查措施落实，检查思想动态，检查安全设备，检查各种工具，检查安全条件，检查规章制度，检查安全情况。

——安全教育一般有两种形式：一是命令式的，必须按令行事，违者立惩；二是使职工对安全宣传感兴趣，爱听，想看，愿意接受，使人们从内心自觉地按你宣传的去做，方能奏效。

——要狠抓培训，特别要重视对生产第一线的班组长和操作人员的培训，提高广大职工的技术业务素质。

——安全培训“三多”：多层次、多渠道、多种形式。

——安全培训“三结合”：培训与生产需要相结合，培训与安全生产相结合，培训与精神文明建设相结合。

——安全培训提高“四个素质”：科学文化素质，思想道德素质，安全生产素质，技术水平素质。

——安全教育“四化”：经常化、多样化、形象化、立体化。

——安全教育“四抓”：抓正面教育，抓规程措施教育，抓技术培训教育，抓纪律教育。

——安全教育力争做到“四能”：能触动职工的神经，能启发职工的感情，能打动职工的心灵，能提高职工对安全的认识。

——安全教育“五则”：针对职工的侥幸心理，坚持安全教育；针对职工的宿命论观点，坚持人定胜天的安全教育；针对某些职工怕麻烦、图省事的思想情绪，坚持遵守安全规程的教育；针对一些关键因素，不失时机地有重点地做好安全第一教育；认真做好事故后的思想教育工作。

——要建立健全业务保安责任制，生产、技术、计划、设计、科研、制造、机电、劳资、供应、财务、人事、教育、宣传等部门都要明确自己的职责，保证安全生产。

——制订安全规程讨论得透，贯彻安全规程讲得够，检查安全规程一丝不苟，落实安全规程全面严格。迅速把各级的安全生产责任制度建立健全起来，要做到职责明确，赏罚严明。

——安全措施“三落实”：一是思想落实，二是制度落实，三是责任落实。

——对事故引不起重视，就没有反事故的措施。放纵事故等于犯罪。及时处理，事半功倍。出了事故不处理，等于有病不请医。事故一旦发生，抢救分秒必争，严密调查分析，事故性质查清，详细找出原因，预防措施快定。研究事故发生的原因，寻求防止事故的办法。不惩前，难毖后，从前事故不处理，今后事故还找你。为出事故者说情，等于为灾难开绿灯。为事故者开脱罪责，等于为灾难开通道路。

——要坚持行之有效的安全、质量检查制度。对“三违”和事故的责任者，尤其是因官僚主义造成事故的，要严肃进行处理，做到一事一通报，一事一检查，一事一处理。

——要对工人进行遵守纪律的教育，遵守纪律的要表扬，不遵守纪律的要批评教育。违反制度、违反纪律造成严重事故的要给予处分，发生事故，领导要亲自处理，并吸收工人参加。

——排险情，挺身而出；遇困难，一马当先。谁对违章人员开脱说情，就处罚谁，谁揭发检举违章，就奖励谁。

——事故发生后，企业领导人应该立即负责组织职工进行调查和分析，认真地从生产、技术、设备、管理制度等方面找出事故发生的原因，查明责任，确定改进措施，并且指定专人，限期贯彻执行。

——对于违反政策法令和规章制度或工作不负责任而造成事故的，应该根据情节的轻重和损失的大小，给予不同的处分，直至送交司法机关处理。

——对于不关心工人疾苦、劳动安全卫生、玩忽职守的官僚主义者，要进行坚决的斗争；对于单纯追求产量，强令工人冒险蛮干，不管人身安全者，要查清情况，绳之以法。

——发生事故要充分发动和依靠群众，找出内在原因，分清事故性质，吸取教训。

——严肃对待事故，严格分析事故，透过事故现象，分析不安全的本质，检查隐患，进而统一思想，端正对安全生产的态度，制定有针对性和切实有效的措施。

——认真处理事故，是为了避免事故。总结血的教训，是为了避免流血。事故教训分析透，安全经验总结够。栽了跟头往前倒，要把压力变动力。

——处理事故“三不走”：发现违章制止处理不彻底不走，对隐患没有做出妥善处理和安排不走，遇到险情不彻底排除不走。

——处理事故“三不放过”：事故原因分析不清不放过，事故责任者和群众没有受到教育不放过，没有防范措施不放过。

——处理违章“四从严”：干部违章指挥从严处理，生产骨干违章从严处理，违章屡教不改者从严处理，认识态度不好者从严处理。

——处理事故“四到现场”：指挥到现场，调查了解到现场，研究问题到现场，分析原因到现场。

——处理事故抓住“四大重点”：分析事故原因，选择主攻方向；抓住重点问题，勤查细查反复查；坚持调查研究，解决关键问题；围绕安全决策。

——处理事故要做到：（1）揭露隐患，查清危害；（2）发动群众，实行“三定”（定专责、时间、整改措施）；（3）制度面前，人人平等；（4）深入现场，检查落实；（5）行使职权，铁面无私。

——处理事故过“八关”：第一关抢救挽救；第二关登记报告；第三关澄清原因；第四关追查责任；第五关检查核实；第六关群众意见；第七关处理惩罚；第八关预防措施。

——总结经验教训，安全永记在心。用鲜血换来的教训，不要再用鲜血去检验。

——当初蛮干，今日伤残。事故一出现，后悔就迟晚，教育不能忘，今后可避免，自己要当心，大家为戒鉴。

——引灾惹祸易，消灾免祸难。事故的血流进智者的心里，流在愚者的嘴上。对待事故，认真分析，吸取教训，采取措施，杜绝后患。对待事故，不能轻描淡写，马虎草率，大事化小，小事化了，一拖再拖，顶着不办。

——吸取事故教训，加强安全措施。镜子不擦拭不明，事故不分析不清。事故教训是镜子，安全经验是明灯。

——话教育现身说法，谈体会语重心长。吃一堑长一智，安全教育应重视。事故有来由，有错始成祸，教训千千万，都是违章过。事过境迁话教训，为了告诫后来人。不怕发生事故，就怕不吸取教训。搞好安全事故调查处理，切实吸取事故教训。

——事故一经发生，领导必须开会追查，主管部门必须参加，弄清事故的经过原因，对责任者进行惩罚，对大家进行教育，制定杜绝此类事故的措施和方法。

——只有采取切实可行的措施，一步一个脚印地，踏踏实实地做好工作，才能实现安全状况的根本好转。

——吸取教训订措施，防患未然抓安全。出现事故苗头，必须及时采取措施预防此事故发生，事故发生后要及时报告和调查处理。

——安全情况不好时，我们要不灰心，不泄气，不动摇，有决心，有信心，做到千方百计，百计千方，上上下下动员起来，把事故降下来，把安全不好的局面扭转过来。

——高兴时看不见灾难，十分危险；安全搞得好时，忘掉了安全不保险。

——安全生产，是一场艰苦的持久战，不可能一朝一夕就可以实现，这不是一劳永逸的事情，更不能在成绩面前盲目乐观。

——安全工作要天天查，天天办，一时一刻不间断。安全工作总是有起点，没有终点。安全工作是生产中的永恒主题。抓安全时紧时松，安全状况时好时坏。提请各级干部注意防止和坚决反对在抓安全生产方面的松劲麻痹思想。

——安全形势好，警钟仍常鸣。事故只怕有心人，愈是顺境愈谨慎，日当事故有，可防来日苦。

——拿了安全奖，思想别松劲。安全工作是一项长期的任务。搞好安全要像拉车上坡，时刻不能松劲，抓安全松劲的时候，也就是事故准备找你的时候。安全工作要做到制度化、经常化、群众化。智者虑事，不在一日，在百年。

第二节　矿山安全操作技巧妙语集锦

我国矿山职工在长期的生产实践中，积累了丰富的现场安全操作经验。本节精选出一些矿山安全施工经验妙语。

——安全防尘六不准：（1）无防尘设施的掘进，采矿工程不准开工；（2）洒水管路无水不准打眼；（3）不开喷雾器不准放炮；（4）水不洒透不准装岩；（5）不冲刷岩石帮不准放炮；（6）不戴防尘口罩不准进入掘进工作面。

——安全防尘三纳入：（1）把防尘工作纳入生产作业计划；（2）把防尘工作纳入工程设计；（3）把防尘工作纳入技术作业规程。

——安全工作摆前头，消灭三违记心头，下井前摸摸头，安全帽是否戴在头，防止物件碰破头，领导遵章要带头，不能只顾生产昏了头。

——安全派工“九了解”：(1) 了解工作面或工作地点的规程、措施；(2) 了解当班的任务大小及工作条件；(3) 了解本班每个工人的健康状况；(4) 了解本班每个工人的技术水平；(5) 了解本班每个工人的生活状况；(6) 了解本班每个工人的恋爱、婚姻及家庭状况；(7) 了解本班每个工人的劳保用品使用情况；(8) 了解本班每个工人掌握规程、措施及遵章守纪的情况；(9) 了解每天上班的工人是休假前的最后一个班还是以后刚刚上班这种特殊情况。

——安全生产“八项制”：(1) 区长跟班制；(2) 班长安全汇报制；(3) 交接班制；(4) 敲帮问顶和顶板观测制；(5) 安全自检和评分奖罚制；(6) 持证上岗制；(7) 关键地方专人管理制；(8) 事故分析制。

——安全生产十五保证：(1) 在平常，保证多学习；(2) 安全会，保证按时到；(3) 安全课，保证注意听；(4) 上班前，保证不喝酒；(5) 乘车时，保证不拥挤；(6) 在井下，保证不睡觉；(7) 工作时，保证不打闹；(8) 行走时，保证不扒罐；(9) 操作时，保证不违章；(10) 见三违，保证不留情；(11) 施工中，保证不冒险；(12) 有隐患，保证不掩盖；(13) 排隐患，保证不拖延；(14) 干活时，保证不分神；(15) 搞质量，保证不马虎。

——安全生产十三个想一想：(1) 上班之前想一想，安全观念应加强；(2) 走进厂矿想一想，注意防火记心上；(3) 值班时候想一想，制度执行要经常；(4) 开工之前想一想，措施工具要妥当；(5) 流程切换想一想，操作规程切莫忘；(6) 启停机组想一想，了解状况莫违章；(7) 突然停机想一想，弄清原因不慌张；(8) 执行调度令想一想，是否适情又恰当；(9) 值夜班时想一想，严禁溜脱和睡岗；(10) 设备停下想一想，精心检查细保养；(11) 施工动火想一想，消防器材先到场；(12) 使用电器想一想，小心触电要谨防；(13) 关键环节想一想，大小隐患先预防。

——安全顺口溜：放炮处处要仔细，执行规程别麻痹；火线长度按规定，短了事故要找你；井下摘掉安全帽，掉渣下来不得了；小块下来砸个包，大块下来脑开瓢；推车把手放沿里，防止岩帮把手挤；岩石打眼要用水，莫使岩尘满巷飞；不听劝告打干眼，日久就会得硅肺。

——安全预防三字经：搞生产，重安全；自预防，是关键；工作服，穿整好；安全帽，要戴牢；去现场，要三看；向上看，防碰面；向下看，防跌闪；操作时，遵规章；上岗位，要精心；知无电，当有电；有事故，莫惊慌；八小时，安全过；平安回，人人乐。

——班前会三项内容：（1）交安全底数；（2）提安全要求；（3）讲安全措施。

——保安全绞车房须有：（1）提升绞车说明书；（2）提升绞车装置图；（3）制动装置系统图；（4）电气接线系统图；（5）日检装置记录簿；（6）验更钢丝绳记录；（7）司机岗位责任制；（8）司机交接班记录。

——乘坐笼车保安全：罐笼人车运送人，每天三班都不停；不管你是啥人员，不管你是啥事情；只要上井和下井，都要照章按规定；井口井底把钩工，发准信号行和停；笼车停稳才能下，下完以后再上人；上车人数莫超过，切莫强挤扒车行；车笼运行提升中，手抓扶手要坐稳；携带物料工具袋，千万不要往外伸；若是架线电机车，上边明线紧提防；注意戴好安全帽，钻杆钎杆要放平；两罐之间不许坐，严紧手脚罐外伸；如果罐内有物料，绝对禁止再坐人。

——地面把钩工保安全：井口把钩拥车工，抓住安全别放松；道岔道嘴要试验，试验合格再运搬；斜井把钩要注意，上车先打挡车器；木楔卡住车轮子，发生跑车了不得；要放车，先注意，大绳钩头查仔细；行车不能走人员，防止危险保安全；上罐别超定额数，超过定员不打点；要是竖井升降人，罐帘一定放安全；要是竖井下材料，慢慢将车推上罐；用绳系牢叉子车，拴住以后再打点；要是有人进井口，有权不准他靠边；否则出了大事故，把钩拥车人员担。

——电气设备保安全：电气设备靠电传，有电没电看不见；仪表测试电笔查，管理维护必须严；漏电保护弹簧垫，螺丝挡板电工圈；各个部件都完好，电缆悬挂齐而展；变电硐室齐清理，防护装置安装全；绝缘用具要齐备，线路图板挂一边；设备管理按规程，操作技术要熟练；严禁运转超负荷，电工停电有权限；正确指挥维修细，电气事故可避免。

——防火灾保安全：井下发现烟雾火，切莫惊慌和失措；四散奔逃更危险，可能小火变大火；发现火源先汇报，现场指挥更重要；切断电源查火源，组织人员查灾祸；如果火灾范围大，人员安全受威胁；当即组织人员散，切莫犹豫慢半刻；自救器具戴齐全，迎着风流背向火；巷道烟雾已充满，更需沉着和灵活；如果实在无法撤，附近硐室暂避躲；硐室出口门关严，隔断风源堵烟火；稍有机会迎风上，身俯摸着爬上坡。

——防止明线电伤人：电机车的架空线，裸露电体在外边；坐车人员不留意，发生触电就麻烦；机电用的直流电，电流特大有危险；防止明线电伤人，架线要按规定办；车场高悬两米二，人距两米保安全；乘人车场按照明，架线开关分段安；工具莫往线上伸，以免大意触了电；如果巷道安管路，切断电源再去干。

——搞好安全工人十一大权力：（1）干部违章指挥，工人有权力不服从；（2）设备安全不齐全，工人有权拒绝操作；（3）作业现场安全问题处理不彻底，工人有权不作业；（4）没有作业规程或施工措施，工人有权不操作；（5）没有受过本工程专业训练，工人有权拒绝上岗；（6）跟班领导提前离开现场，工人可以脱离工作岗位；（7）班前会上值班干部不讲安全，工人有权不入井；（8）干部不检查安全状况，工人可以不工作；（9）工会群检员有权停止违章指挥的干部工作；（10）有隐患干部不及时排除，工人有权停止生产；（11）下井后班长不检查安全，工人有权不生产。

——搞好安全坚持开好十种会：安全办公会，区科安全会，安全调度会，安全发动会，班前安全会，班后总结会，安全活动会，安全现场会，安全评比会，安全表彰会。

——搞好安全九经：（1）休息好，心情愉快，精神包满；（2）节假期间，探亲前后，情绪稳定；（3）胸怀宽广，能正确对待批评和挫折；（4）不冒险，不蛮干，不赌气作业；（5）操作按规程，坚决不“三违”；（6）工作地点支架牢靠，后路畅通；（7）发现问题，及时处理，手快眼明；（8）当班事故处理完，不给下班留隐患；（9）不突击生产赶任务，严格质量把好关。

——工具管理保安口诀：工具要往井下搬，该包该捆要管严；散装工具不好运，散装工具不保安；管理工具要注意，时时刻刻保安全。

——工人推罐保安全：开拓掘进工作面，经常采用人推罐；虽说巷道距离短，如不注意也危险；一人只能推一罐，严禁放开手不管；站在罐头放飞罐，坡度较大很危险；岔道、拐弯、巷道口，发出信号往前看；推着罐车进车场，减速慢行看道岔；发现红灯有障碍，停车等待莫抢先；推罐距离要拉开，按照坡度定距限；坡度要在千分五，距离十米不能短；坡度大于千分五，三十米外相互间；万一罐车掉了道，要用撬棍莫硬搬；如果发现车失灵，标上符号升坑换。

——工作开始安全歌：工作开始前，先把工具点；缺了哪一些，哪些应该换；工具要管用，工具要齐全；情况了解透，安全要当先；分工明确后，首先看顶板；提高警惕没有错，麻痹大意不安全。

——关心安全三不准：新工人不经培训不准入井，考核不及格不准上岗，技术不过硬不准单独工作。

——机修工保安歌：机修工，要记清，安全时刻铭心中；高空作业保险带，井下作业定要带；修理机器拉开关，带电作业不安宁；绞车道，轮子眼，安全设备要齐全；下井工作先看顶，行车道上靠一边；别叫车轮碰着你，随时随地要保安。

——记清出口避灾路：矿井条件较特殊，井下专设避灾路；下井人员都须知，哪是安全出口处；巷道拐弯交叉点，路标牌子写清楚；“避灾路线”四个字，箭头直指井口处；若是立体提升井，安装人梯要牢固；避灾路线有改变，随时讲清莫含糊；各处要设安全点，收工地点查人数；万一发生大灾情，认清出口避灾路；出事莫慌和拥挤，要按顺序速撤出。

——井筒巷道保安全：使用井筒和巷道，维护工作顶重要；全部生产时间内，工程随时有消耗；按照规程来检查，每个地点要查到；百分比例合理算，失修比例不能超；哪里坏了哪里修，哪里破了快补好；别怕麻烦和费事，事故就能消灭掉。

——井下安全七严禁：（1）严禁超员乘罐；（2）严禁抢罐；（3）严禁挤罐；（4）严禁蹬车；（5）严禁跳车；（6）严格扒车；（7）严禁随意打开闸栏进入盲巷。

——井下安全八项注意：下井前注意不喝酒，乘坐罐笼、人行车注意不随便上下，井下行走注意避开运输线路，迎头打眼防止断钎伤人，领送火药注意轻拿轻放，装配引药注意避开电气设备，井下电缆注意挂整齐，工作面冒顶注意及时支护。

——井下安全六汇报：巷道打透要汇报，遇到断层要汇报，机电设备不良要汇报，防尘设施不全要汇报，井下发火要汇报，独头有透水征兆要汇报。

——井下安全十做到：打眼做到扎紧袖口，放炮时做到指名站岗，放炮后做到敲帮问顶，挂钩时做到行车不行人，推车时做到拉开距离，抬道时做到动作协调，独头扒装时做到管前顾后，喷锚支护做到湿料喷浆，独头搬迁做到工完料净。

——井下安全用电七全：防护装置全，绝缘用具全，图纸资料全，防火用具全，防火门全，信号照明全，记录全。

——井下乘车四不：行进列车不能扒，两车空档不能跨，头前三辆不要坐，绞车道里不能走。

——井下供电“三大保护”安全歌：井下供电三保护，接地漏电和短路；严格遵循规程做，不可大意和马虎；机器外壳要接地，以防触电出事故；接地芯线要用好，不接剪断是错误；接地电阻必须小，不准超过两欧姆；检漏装置是个宝，保安作用不可估；低压漏电自断开，高压漏电叫嘟嘟；每天试验坚持做，定人定时常维护；自动机构常校验，确保灵敏又牢固；倘若电网负荷变，整定电流能做主；三大保护作用大，我们定要多爱护。

——井下开车保安全：开车工，先别燥，注意安全是正道；顶板两帮要牢固；闸把要灵活，道路要完好；上下坡，绞车道，三不制度执行好；无灯不开车，行人不行车；缺乏安全挡，立即就停车；一切制度执行好，事故就减少。

——井下万一迷了路，不要害怕别惊慌；要想快到升坑口，顺着水走顶着风。

——井下用电两保护：有过负荷和断相保护，有漏电保护、漏电闭锁和接地选择。

——井下用电两检查：坚持定期人检查，坚持电气设备入井检查。

——井下运输安全歌：井下巷道窄又长，设备物料人力装；较重东西靠拖抬，千万别把人碰伤；动作一致齐用劲，一人喊号众人唱；贵重物件轻抬放，保证完好不损伤；运到地点检查好，及时用到生产上；运输管理靠调度，各种信号要记清；同心协力听指挥，安全运输有保证。

——开采放炮安全歌：泥封严，把线连，接头扭紧当空悬；以免接触导电体，防止过电生事端；连完线，再查看，变化有时一瞬间；若无异状就下令，人员撤至安全点；设好警戒站好岗，放炮警号方可传；待到炮响炮烟散，巡视再进工作面。

——开大绞车保安全：主井绞车双滚筒，两马对开转不停；如果思想不警惕，架倒绳断出人命；这种事故要避免，必保过卷装置灵；保护器具必须装，否则不许搞提升。

——开绞车保安全：绞车机溜运转快，谁不提防就受害；机尾应设保护板，绝对不能去损坏；若见征兆早处理，防止万一遭祸害；开车司机要谨慎，不可大意瞎胡来；开停信号要听清，工友安全记心怀；发现疑点快停车，立即联系弄明白。

——矿长检查安全三知道：（1）知道本矿各级干部值班上岗、现场指挥和“三违”情况，做到定期检查和不定期抽查，对脱岗和“三违”问题认真查处；（2）知道本矿采掘工作面作业规程和有关重要内容、质量标准及检查方案，做到经常深入井下检查作业规程执行情况和工程质量状况，发现问题及时解决；（3）知道本矿采区布置、路线、开采和接续情况，做到情况清，路线熟，组织正规循环作业，实现均衡生产。

——露天矿场运输道，车辆往来特繁忙；跨过道路两边瞧，不能停留和闲聊。

——皮带运输保安全：皮带运输较可靠，安装维护很重要；司机人员专培训，型号部件全知道；运输倾斜有规定，倾斜度数不可超；向上最多十八度，向下十六不能超；皮带运输拉上山，制动装置安装好；严防下滑出故障，运输矿量适当调；皮带机械常清理，滚筒黏土要清掉；清理滚筒要停车，否则出事不得了；皮带不直就跑偏，托滚调整很重要；矿仓漏斗必须正，挡土板儿不可少；如果要是皮带长，拉力方向做调整；皮带撕裂是大事，巡回检查第一条。

——青工安全生产歌：青年职工上了班，安全生产记心间；操作规程别马虎，遵章守纪是关键；工作之前慎考虑，不能盲目去蛮干；不懂之事问师傅，不懂装懂就麻烦；不会之事耐心学，虚心请教搞生产；师傅的话细心听，道道工序照章办；多听多问又多学，多思多想又多看；技术知识快提高，工作程序要熟练；搞出成绩不骄傲，自满大意出祸端；好的经验要发扬，出了事故莫慌乱；冷静镇定排事故，总结教训记心间。

——容易发生事故的九种思想规律：（1）急于赶任务，盲目乱干，不顾安全；（2）自然条件好，思想麻痹，不重视安全；（3）休息不好，精神不振，忘记安全；（4）家庭有问题，思想开小差，丢掉安全；（5）受到表扬，骄傲自满，不注意安全；（6）受到批评，思想不愉快，不管安全；（7）逢年过节，考虑私事，忽视安全；（8）工作调动，情况不熟，抓不住安全；（9）新工人到矿，技术不熟练，不懂安全。

——入井安全顺口溜：入井之前睡好觉，精神愉快饭吃饱；保护用品穿戴牢，千万戴好安全帽；工作条件常变化，针对措施制定好；安全思想要扎根，作业规程要记牢。

——上班下班不大意，乘坐罐时不拥挤；干活认真不马虎，严格循章不投机；搞好质量不凑合，思想集中不走私；互相监督不留情，违章指挥不听从。

——上下罐笼安全歌：到井边，先排队，别串队，别串位；要上罐，先检身，安检人员有责任；上了罐，往里站，按照定员排齐全；罐笼门，要关严，不准打闹或交谈；扶好把手脸向外，下罐需要稳又快。

——九个容易出事的时候：（1）明知不合乎规程要求，怀有侥幸心理，有险情不去处理的时候；（2）不懂作业规程和操作规程，违章蛮干的时候；(3) 违章指挥，强令工人冒险作业的时候；(4) 急于升井，违章扒车撞大运的时候；(5) 家里来信来电，遇有不顺心的时候；(6) 在婚丧大事前后，上班思想不集中的时候；(7) 班前班后休息不好，上班精神过度疲劳的时候；(8) 工作面条件不好，忽视安全，只顾抢任务多挣钱不顾质量安全的时候；(9) 官僚主义严重，不负责任，对安全隐患不及时处理，不关心工人的时候。

——事故规律三十则：忽视安全容易出事故；麻痹大意容易出事故；违章作业容易出事故；满不在乎容易出事故；管理不善容易出事故；冒险作业容易出事故；措施不力容易出事故；环境不熟容易出事故；无证上岗容易出事故；丧失警惕容易出事故；质量不好容易出事故；节日假日容易出事故；有章不循容易出事故；准备夜班容易出事故；突击任务容易出事故；顶板变化容易出事故；马虎凑合容易出事故；断层下边容易出事故；一心二用容易出事故；休息不好容易出事故；侥幸心理容易出事故；维护不好容易出事故；鲁撞蛮干容易出事故；纪律松弛容易出事故；松松垮垮容易出事故；单独行动容易出事故；情绪波动容易出事故；走运输巷容易出事故；精神恍惚容易出事故；扒车蹬罐容易出事故。

——通风工保安歌：通风工，责任重，主扇工况最重要；查风量，测风压；管风门，查风桥，不合要求要另造；砌风门，建风墙，两头插在壁子上；有效风量该多大，百分之五不能差；扫清障碍通好风，你是模范通风工。

——透水自救保安全：矿井水灾莫轻瞧，预防为主第一条；开掘巷道先探水，多方观察水预兆；透水事故若发生，首先撤人最重要；沿着上山走大巷，上井路线要找到；大巷如有水闸墙，撤出人员门关好；隔断水源保安全，人的生命即可保；透水之后水泵房，安排排水责任强；立即关闭密闭门，水泵全开配成套；力求透水全排出，坚守岗位要做到。

——信号打点工保安歌：信号工，保安全，你是运输司令员；工作加强责任心，错打信号有危险；要打点，先记清，打上几下是定钟；几下信号是下降，打上几下是提升；要是运行出了事，你要赶紧打定钟；要是找人替打点，事故责任你担承。

——修护巷道安全歌：井巷正常使用间，加强维修重保安；发现问题速处理，支架损坏及时换；淤泥杂物早清理，水沟一定加盖板；井巷修理和刷大，需要连续换支架；支架拆架按规定，一次完成别拖拉；冒顶堵人太危险，巷道整平要干净；废旧巷道若不用，出口必须认真封；斜井平硐若报废，砌筑封墙土填平。

——岩石掘进打眼保安歌：独头掘进开始前，五公尺内检查严；顶板岩石好不好，两帮安全不安全；要有冒顶片帮样，赶快处理保安全；打眼前，细查看，哪个瞎炮有雷管；先把瞎炮处理好，全面工作再开展；打眼一定要够数，不多不少往上按；抱住钻机劲使匀，防止力猛折断钎；这些工作都做好，打眼定能保安全。

——引起安全分心，思想溜号的十五种原因：（1）不安心井下工作时容易分心；（2）家庭负担重时容易分心；（3）凭天由命思想支配时容易分心；（4）家庭不和睦闹纠纷时容易分心；（5）亲人有病牵肠挂肚时容易分心；（6）休息不好过度疲劳时容易分心；（7）搞对象热恋、失恋时容易分心；（8）节日前筹备过节时容易分心；（9）节后玩乐过度疲劳时容易分心；（10）受到批评或处理思想有压力时容易分心；（11）连续延点过长筋疲力尽时容易分心；（12）生产被动急于抓产量时容易分心；（13）包工活图快多挣钱时容易分心；（14）下班回家心切时容易分心；（15）身体不适病理刺激时容易分心。

——抓安全“八赛”：一赛各级领导对安全竞赛活动的重视程度，比竞赛活动的声势气氛；二赛安全教育的深度和广度，比对职工教育的效果；三赛规章制度健全与否，比落实执行好坏；四赛现场管理，比对事故隐患处理；五赛矿井基础建设，比矿井装备设施；六赛矿容矿貌，比工业场面管理；七赛领导管理水平，比企业“双增双节”和经济效益；八赛安全补欠多少，比矿井抗灾能力强弱。

——装料罐车不坐人，坐人罐车不装料，坐车手脚不外伸，车没停稳不能下。

——走巷道安全歌：下了罐，要警惕，走大巷，要注意；看灯光，听声音，防止矿车碰着你；拿工具，别上肩，避免触到电车线；工具触电是大事，工具触电最危险；斜坡要走人行道，小心脚下别滑倒。

参 考 文 献

[1] 北京达飞安全科技有限公司．非煤矿山矿长和管理人员安全培训必读（第二版）[M]．北京：中国石化出版社，2006.
[2] 北京达飞安全科技有限公司．非煤矿山职工安全培训必读（第二版）[M]．北京：中国石化出版社，2006.
[3] 采矿设计手册编委会．采矿设计手册（矿床开采卷 下）[M]．北京：中国建筑工业出版社，1988.
[4] 采矿手册编委会．采矿手册（第六卷）[M]．北京：冶金工业出版社，1991.
[5] 古德生，李夕兵，等．现代金属矿床开采科学技术 [M]．北京：冶金工业出版社，2006.
[6] 金龙哲．矿井粉尘防治 [M]．北京：煤炭工业出版社，1993.
[7] 李孜军，吴超．企业安全管理知识问答 [M]．北京：中国劳动社会保障出版社，2004.
[8] 阳富强，吴超．硫化矿自燃预测预报理论与技术 [M]．北京：冶金工业出版社，2011.
[9] 廖国礼，吴超．资源开发环境重金属污染与控制 [M]．长沙：中南大学出版社，2006.
[10] 田文旗，薛剑光．尾矿库安全技术与管理 [M]．北京：煤炭工业出版社，2006.
[11] 连海良，侯运炳．非煤小矿山安全生产实用技术 [M]．北京：冶金工业出版社，1998.
[12] 刘殿中．工程爆破实用手册 [M]．北京：冶金工业出版社，1999.
[13] 孙玉科．中国露天矿边坡稳定性研究 [M]．北京：中国科学技术出版社，1999
[14] 王省身，张国枢．矿井火灾防治 [M]．徐州：中国矿业大学出版社，1990.
[15] 吴超．矿井通风与空气调节 [M]．长沙：中南大学出版社，2008.
[16] 解世俊．金属矿床地下开采 [M]．2 版．北京：冶金工业出版社，2006.
[17] 朱明光．露天矿场边坡稳定检测 [M]．北京：中国劳动出版社，1992.

[18] 祝玉学．边坡可靠性分析［M］．北京：冶金工业出版社，1993.
[19] 中国冶金百科全书编委会．中国冶金百科全书［M］．北京：冶金工业出版社，1999.
[20] 吴超，龚清群，孙胜．安全生产宣传用语精选［M］．北京：中国劳动社会保障出版社，2005.